W0261266

# Abhängigkeitsgraph

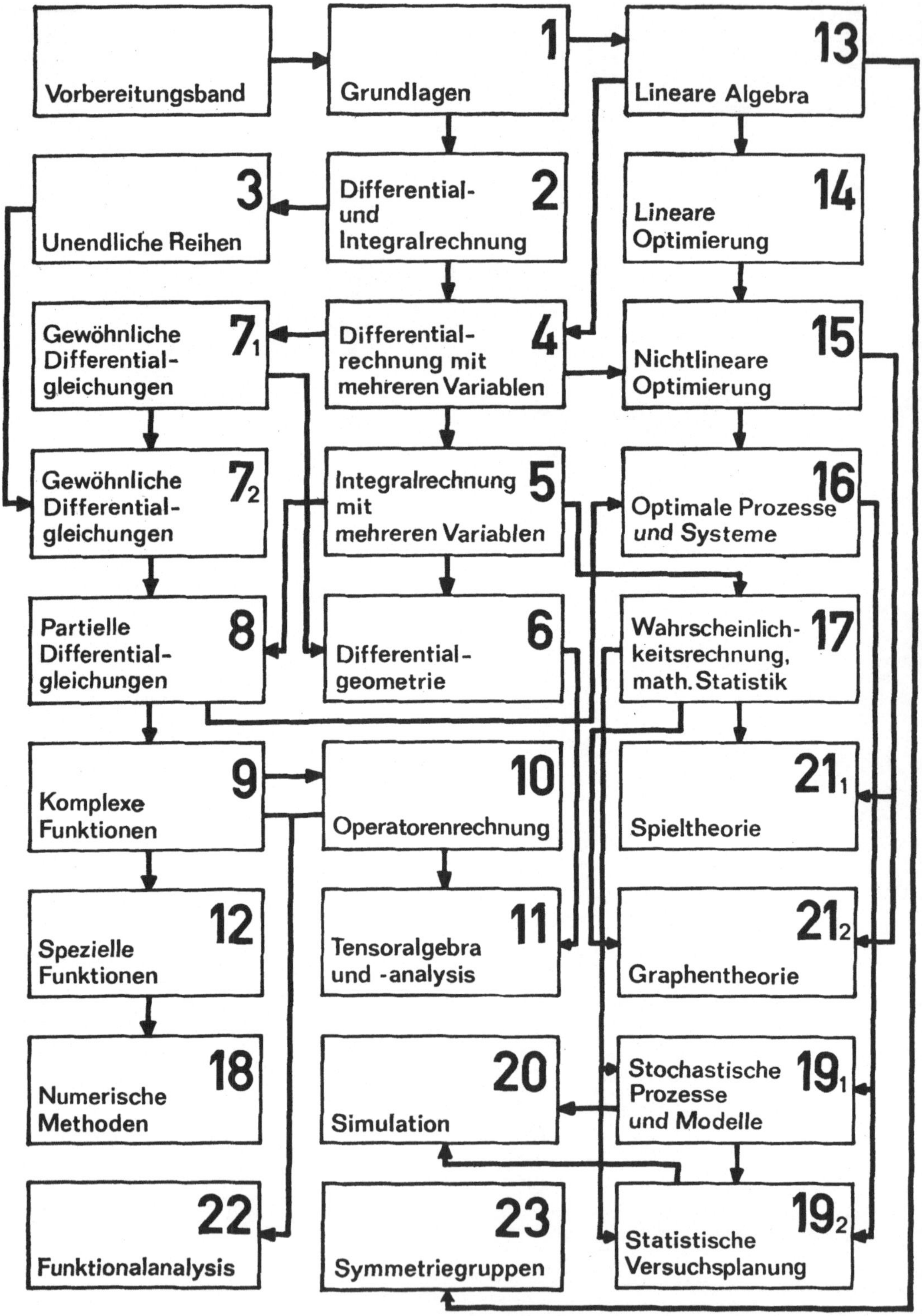

Vorbereitungsband

1 Grundlagen

2 Differential- und Integralrechnung

3 Unendliche Reihen

4 Differentialrechnung mit mehreren Variablen

5 Integralrechnung mit mehreren Variablen

6 Differentialgeometrie

$7_1$ Gewöhnliche Differentialgleichungen

$7_2$ Gewöhnliche Differentialgleichungen

8 Partielle Differentialgleichungen

9 Komplexe Funktionen

10 Operatorenrechnung

11 Tensoralgebra und -analysis

12 Spezielle Funktionen

13 Lineare Algebra

14 Lineare Optimierung

15 Nichtlineare Optimierung

16 Optimale Prozesse und Systeme

17 Wahrscheinlichkeitsrechnung, math. Statistik

18 Numerische Methoden

$19_1$ Stochastische Prozesse und Modelle

$19_2$ Statistische Versuchsplanung

20 Simulation

$21_1$ Spieltheorie

$21_2$ Graphentheorie

22 Funktionalanalysis

23 Symmetriegruppen

MATHEMATIK FÜR INGENIEURE, NATURWISSENSCHAFTLER, ÖKONOMEN UND LANDWIRTE · BAND 12

Herausgeber: Prof. Dr. O. Beyer, Magdeburg · Prof. Dr. H. Erfurth, Merseburg
Prof. Dr. O. Greuel † · Prof. Dr. H. Kadner, Dresden
Prof. Dr. K. Manteuffel, Magdeburg · Doz. Dr. G. Zeidler, Berlin

---

PROF. DR. N. SIEBER
PROF. DR. H.-J. SEBASTIAN

# Spezielle Funktionen

3. AUFLAGE

LEIPZIG BSB B. G. TEUBNER VERLAGSGESELLSCHAFT
1988

Verantwortlicher Herausgeber:
Dr. rer. nat. habil. Horst Kadner, ordentlicher Professor für Mathematische Kybernetik und Rechentechnik an der Technischen Universität Dresden

Autoren:
Dr. rer. nat. Norbert Sieber, ordentlicher Professor an der Technischen Hochschule Leipzig
Dr. sc. nat. Hans-Jürgen Sebastian, ordentlicher Professor an der Technischen Hochschule Leipzig

Als Lehrbuch für die Ausbildung an Universitäten und Hochschulen der DDR anerkannt.

Berlin, Dezember 1979 Minister für Hoch- und Fachschulwesen

Anerkanntes Lehrbuch seit der 1. Auflage 1977

Sieber, Norbert:
Spezielle Funktionen / N. Sieber ; H.-J. Sebastian. –
3. Aufl. – Leipzig: BSB Teubner, 1988. –
136 S. : 27 Abb.
(Mathematik für Ingenieure, Naturwissenschaftler,
Ökonomen und Landwirte ; 12)
NE: Sebastian, Hans-Jürgen :; GT

ISBN 978-3-322-00467-3 ISBN 978-3-663-01383-9 (eBook)
DOI 10.1007/978-3-663-01383-9

Math. Ing. Nat.wiss. Ökon. Landwirte, Bd. 12



3. Auflage
VLN 294-375/50/88 · LSV 1034
Lektor: Dorothea Ziegler

Gesamtherstellung: Grafische Werke Zwickau III/29/1
Bestell-Nr. 665 798 0

00850

# Vorwort

In diesem Band werden einige spezielle Funktionen dargestellt, denen man bei der Integration von Differentialgleichungen der mathematischen Physik und in den Ingenieurwissenschaften begegnet. Dabei wird dem allgemeinen Anliegen dieser Lehrbuchreihe weitgehend Rechnung getragen, daß die Studierenden ihre mathematischen Kenntnisse und Fertigkeiten im Zusammenhang mit deren Anwendungen erwerben sollen. Die Theorie wird nur soweit behandelt, wie sie zum Verständnis der physikalischen und technischen Probleme erforderlich ist.

Reihenentwicklungen und Integraldarstellungen der zu beschreibenden Funktionen, die als Lösungen von Differentialgleichungen auftreten, stehen ebenfalls im Vordergrund der Betrachtungen. Von den Eigenschaften konnten nur die wichtigsten, für praktische Erfordernisse notwendige angegeben werden. Die mathematischen Untersuchungen werden insbesondere in den Kapiteln 2 bis 5 vorwiegend im Komplexen durchgeführt. Jedoch wird mit Rücksicht auf die physikalisch-technischen Anwendungen immer auf die Darstellung im Reellen bezug genommen. Die Auswahl der Funktionen wurde ebenfalls von den Anwendungsmöglichkeiten bestimmt. Das erklärt insbesondere die breitere Darstellung der Besselschen und der Kugelfunktionen. Bedingt durch diesen Grundsatz konnte daher nicht in allen Kapiteln ein einheitliches mathematisches Vorgehen eingehalten werden. Vielmehr werden diejenigen Methoden bevorzugt, die den Besonderheiten der jeweiligen Funktionen angepaßt sind. Das hat andererseits den Vorteil, daß die wesentlichen Kapitel 3 und 4 unabhängig voneinander lesbar sind.

Im ersten Kapitel werden einige wichtige Begriffe zu *orthogonalen Funktionensystemen* bereitgestellt, die zum Verständnis der Reihenentwicklung beitragen. Dabei werden die Laguerreschen, Hermiteschen und Tschebyschewschen Polynome als Beispiele ausführlicher besprochen. Das Kapitel 2 behandelt die wichtigsten Eigenschaften der *Gamma- und Betafunktion*, die in den nachfolgenden Abschnitten benötigt werden. Die *Zylinderfunktionen* werden im Kapitel 3 als Lösungen der Besselschen Differentialgleichung eingeführt und ihre wichtigsten Darstellungen und Eigenschaften hergeleitet bzw. angegeben. Einigen physikalisch-technischen Anwendungen wird breiter Raum gewidmet. Entsprechend werden die *Kugelfunktionen* im Kapitel 4 als Lösungen der Potentialgleichung eingeführt und danach ausführlich beschrieben. Abschließend wird im Kapitel 5 die *hypergeometrische Funktion* kurz dargestellt und auf ihren Zusammenhang mit anderen Funktionen verwiesen.

Der vorliegende Band wendet sich in erster Linie an Studenten der Physik und solcher ingenieurtechnischen Spezialrichtungen, in denen die behandelten Funktionen Anwendung finden.

Abschließend danken wir den Herren Prof. Dr. Glaeske, Jena, und Prof. Dr. Kadner, Dresden, für zahlreiche wertvolle Hinweise zur Gestaltung des Manuskripts.

Leipzig, im August 1975 Die Verfasser

## Vorwort zur zweiten Auflage

Die Neuauflage des Lehrbuches wurde vorwiegend zur Fehlerkorrektor genutzt. Wir bedanken uns bei Herrn Dr. W. S. Wittig für die sorgfältige Durchsicht des Textes.

Leipzig, im Juni 1979 Die Verfasser

# Inhalt


| | | |
|---|---|---|
| 1. | Orthogonale Funktionensysteme | 7 |
| 1.1. | Grundbegriffe | 7 |
| 1.1.1. | Einleitung | 7 |
| 1.1.2. | Annäherung nach der Methode der kleinsten Abweichungsquadrate | 8 |
| 1.1.3. | Annäherung durch orthogonale Funktionen | 9 |
| 1.1.4. | Orthogonalisierung von linear unabhängigen Funktionen | 11 |
| 1.2. | Spezielle Orthogonalsysteme | 14 |
| 1.2.1. | Die Laguerreschen Polynome | 15 |
| 1.2.2. | Die Hermiteschen Polynome | 17 |
| 1.2.3. | Die Tschebyschewschen Polynome | 18 |
| 2. | Gammafunktion | 20 |
| 2.1. | Definition und Darstellungen | 20 |
| 2.1.1. | Definition als Verallgemeinerung der Fakultät | 20 |
| 2.1.2. | Residuen von $\Gamma(z)$, Formel von Euler, Weierstraßsche Produktform, Hankelsche Integraldarstellung | 23 |
| 2.2. | Eigenschaften der Gammafunktion | 27 |
| 2.3. | Betafunktion | 29 |
| 2.4. | Anwendungen der Gamma- und Betafunktion in der Wahrscheinlichkeitsrechnung und Statistik | 29 |
| 3. | Zylinderfunktionen | 31 |
| 3.1. | Allgemeine Bemerkungen und Einführung der Zylinderfunktionen 1. Art | 31 |
| 3.2. | Zylinderfunktionen 1. Art, Besselsche Funktionen | 35 |
| 3.2.1. | Definition und Eigenschaften bei ganzzahligem Index | 35 |
| 3.2.2. | Darstellung der Besselschen Funktionen mit ganzzahligem Index durch trigonometrische Integrale | 39 |
| 3.2.3. | Definition und grundlegende Eigenschaften der Besselfunktionen bei beliebigem komplexen Index | 41 |
| 3.2.4. | Weitere Integraldarstellungen für Besselfunktionen mit beliebigem Index | 44 |
| 3.2.5. | Asymptotisches Verhalten der Besselschen Funktionen | 45 |
| 3.2.6. | Orthogonalität und Bemerkungen über Nullstellen | 48 |
| 3.3. | Die allgemeine Lösung der Besselschen Differentialgleichung | 51 |
| 3.3.1. | Fundamentalsysteme von Lösungen der Besselschen Differentialgleichung | 51 |
| 3.3.2. | Einige Eigenschaften der Neumannschen und Hankelschen Funktionen | 55 |
| 3.3.3. | Rein imaginäres Argument. Modifizierte Besselsche Funktionen | 58 |
| 3.4. | Einige Anwendungen | 59 |
| 3.4.1. | Eine Randwertaufgabe der Potentialtheorie für einen Zylinder | 59 |
| 3.4.2. | Zum Problem der Stabknickung | 62 |
| 3.4.3. | Elektron im magnetischen Wechselfeld | 64 |
| 3.4.4. | Kreisplatten auf elastischer Bettung bei nichtrotationssymmetrischer Belastung | 66 |
| 4. | Kugelfunktionen | 68 |
| 4.1. | Allgemeine Bemerkungen | 68 |
| 4.2. | Zonale Kugelfunktionen | 71 |
| 4.2.1. | Legendresche Polynome | 71 |
| 4.2.2. | Eigenschaften der Legendreschen Polynome | 76 |
| 4.2.3. | Integraldarstellungen | 82 |
| 4.3. | Zugeordnete Kugelfunktionen | 85 |
| 4.4. | Legendresche Funktionen 2. Art | 89 |

4.5. Kugelflächenfunktionen ... 96
4.5.1. Herleitung und Darstellung ... 96
4.5.2. Orthogonalität ... 98
4.5.3. Entwicklung nach Kugelflächenfunktionen ... 99
4.6. Anwendungen der Kugelfunktionen ... 102
4.6.1. Randwertaufgaben für die Kugel ... 102
4.6.2. Potential einer inhomogen belegten Kugelfläche ... 105
4.6.3. Wasserstoffatom ... 107

5. Hypergeometrische Funktionen ... 109
5.1. Definition ... 109
5.2. Einige Eigenschaften ... 111
5.3. Integraldarstellungen und asymptotische Formeln ... 112
5.4. Darstellung der Kugelfunktionen als hypergeometrische Reihen ... 114

Anhang: Zusammenstellung wichtiger Formeln ... 116

Lösungen der Aufgaben ... 126

Literatur ... 134

Sachregister ... 135

# 1. Orthogonale Funktionensysteme

## 1.1. Grundbegriffe

### 1.1.1. Einleitung

Für viele Anwendungsfälle ist es von theoretischer und praktischer Bedeutung, daß man eine in einem Intervall weitgehend willkürlich angenommene Funktion einer Veränderlichen durch eine lineare Kombination von vorgegebenen – meist einfacheren – Funktionen darstellen kann. Dabei zeichnen sich gewisse Analogien zu dem Sachverhalt ab, daß man in einem $n$-dimensionalen Raum jeden Vektor durch $n$ linear unabhängige Vektoren ausdrücken kann. Die Menge der vorgegebenen Funktionen ist im allgemeinen unendlich. Die genannte Fragestellung führt zu dem Problem der Reihenentwicklung einer auf dem Intervall $[a, b]$ gegebenen Funktion $f(x)$ nach dem ebenfalls vorgegebenen Funktionensystem

$$\varphi_1(x), \varphi_2(x), \varphi_3(x), \ldots$$

Mit geeignet bestimmten Entwicklungskoeffizienten $c_1, c_2, c_3, \ldots$ bildet man den Ausdruck

$$f_n(x) = \sum_{\nu=1}^{n} c_\nu \varphi_\nu(x),$$

der dann eine Annäherung von $f(x)$ darstellt. Die Güte der Annäherung hängt zudem von der Stelle $x$ ab. Wenn

$$f(x) = \sum_{\nu=1}^{\infty} c_\nu \varphi_\nu(x)$$

ist, so sagt man, $f(x)$ ist in eine Reihe nach den Funktionen $\varphi_\nu(x)$ entwickelbar oder $f(x)$ wird durch die unendliche Reihe $\sum\limits_{\nu=1}^{\infty} c_\nu \varphi_\nu(x)$ dargestellt. Die Kenntnis der Koeffizienten $c_\nu$ ermöglicht es dann, die Funktion $f(x)$ mittels der Funktionen $\varphi_\nu(x)$ beliebig genau zu berechnen, was auch häufig praktisch durchgeführt wird.

Ein einfaches, bekanntes Funktionensystem bilden beispielsweise die Potenzen von $(x - a)$: 1, $(x - a)$, $(x - a)^2$, $(x - a)^3$, ... Mit ihnen gewinnt man die Darstellung einer beliebig oft differenzierbaren Funktion $f(x)$ als Taylorsche Reihe [Band 2, 3]

$$f(x) = \sum_{\nu=1}^{\infty} c_\nu (x - a)^\nu \quad \text{mit} \quad c_\nu = \frac{f^{(\nu)}(a)}{\nu!}.$$

Die – leicht zu berechnende – ganze rationale Näherungsfunktion $\sum\limits_{\nu=1}^{n} c_\nu (x - a)^\nu$ ist hier dadurch gekennzeichnet, daß sie an der Entwicklungsstelle $x = a$ mit der Funktion $f(x)$ den Funktionswert $f(a)$ und die Ableitungen $f'(a), \ldots, f^{(n)}(a)$ gemeinsam hat. In der unmittelbaren Umgebung des Punktes $x = a$ werden deshalb gute Annäherungen erreicht. Die Abweichungen der Näherung von der Funktion $f(x)$ nehmen mit der Entfernung von $x = a$ zu.

Nach dem Weierstraßschen Approximationssatz kann sogar jede auf dem Intervall $[a, b]$ stetige Funktion $f(x)$ dort *gleichmäßig* durch Polynome approximiert werden. Allerdings ist die Annäherung von $f(x)$ formelmäßig nicht so einfach wie im Falle der Taylorschen Darstellung (vgl. Band 3).

Eine weitere bekannte Art der Reihenentwicklung einer Funktion nach einem Funktionssystem ist die Fourierreihe [Band 3]. Sie besteht darin, daß man – vorwiegend periodische – Funktionen $f(x)$ durch das Funktionensystem

$$1, \cos x, \cos 2x, \cos 3x, \ldots, \sin x, \sin 2x, \sin 3x, \ldots$$

in der Weise darstellt:

$$f(x) = \frac{a_0}{2} + \sum_{\nu=1}^{\infty} (a_\nu \cos \nu x + b_\nu \sin \nu x).$$

Die Entwicklungskoeffizienten $a_\nu$ und $b_\nu$ erhält man für das Intervall $-\pi \leqq x \leqq +\pi$ aus den Euler-Fourierschen Formeln

$$a_\nu = \frac{1}{\pi} \int_{-\pi}^{+\pi} f(x) \cos \nu x \, \mathrm{d}x \quad (\nu = 0, 1, 2, \ldots),$$

$$b_\nu = \frac{1}{\pi} \int_{-\pi}^{+\pi} f(x) \sin \nu x \, \mathrm{d}x \quad (\nu = 1, 2, 3 \ldots).$$

Weitere Beispiele kennt man aus der Theorie der Eigenwertprobleme, wo die zugehörigen Eigenfunktionen die Entwicklungsfunktionen $\varphi_\nu(x)$ bilden, nach denen sich andere Funktionen $f(x)$ mit bestimmten Eigenschaften entwickeln lassen [4, Bd. 1].

### 1.1.2. Annäherung nach der Methode der kleinsten Abweichungsquadrate

In diesem Abschnitt soll eine Annäherung einer Funktion $f(x)$ gefunden werden, die nicht nur an einer bestimmten Stelle eine besondere Güte – wie bei der Taylorschen Darstellung – erreicht, sondern im Gesamtintervall $[a, b]$ in einer gewissen Weise möglichst gut wird (vgl. Band 4, Abschnitt 4.3).[1]

Gegeben sei auf dem Intervall $a \leqq x \leqq b$ eine Funktion $f(x)$ und ein System von $n$ Funktionen $\varphi_1(x), \varphi_2(x), \ldots, \varphi_n(x)$. Zur Annäherung an die Funktion $f(x)$ soll der Ausdruck

$$f_n(x) = c_1\varphi_1(x) + c_2\varphi_2(x) + \ldots + c_n\varphi_n(x) \tag{1.1}$$

gebildet werden. Nach Gauß wird im Sinne der Methode der kleinsten Quadratsumme das Integral

$$Q = \int_a^b [f(x) - f_n(x)]^2 \, \mathrm{d}x \tag{1.2}$$

zum Minimum gemacht. Fassen wir $Q$ als Funktion der zu bestimmenden Koeffizienten $c_\nu$ auf, so führt die obige Forderung zu den notwendigen Bedingungen

$$\frac{\partial Q}{\partial c_\nu} = 2 \int_a^b (f(x) - f_n(x))\, \varphi_\nu(x) \, \mathrm{d}x = 0 \quad (\nu = 1, 2, \ldots, n) \tag{1.3a}$$

oder

$$\frac{1}{2} \frac{\partial Q}{\partial c_\nu} = \int_a^b \varphi_\nu f \, \mathrm{d}x - \sum_{\mu=1}^{n} c_\mu \int_a^b \varphi_\nu \varphi_\mu \, \mathrm{d}x = 0 \quad (\nu = 1, 2, \ldots, n) \tag{1.3b}$$

---

[1]) Es genügt für unsere Betrachtungen, die quadratische Integrierbarkeit von $f(x)$ vorauszusetzen.

Wir führen folgende Abkürzung ein:

$$(g, h) = \int_a^b g(x)\, h(x)\, \mathrm{d}x, \tag{1.4}$$

Damit lauten die „Normalgleichungen" für die Koeffizienten $c_\nu$ nach (1.3b):

$$\begin{aligned} c_1(\varphi_1, \varphi_1) + c_2(\varphi_1, \varphi_2) + \dots + c_n(\varphi_1, \varphi_n) &= (\varphi_1, f) \\ c_1(\varphi_2, \varphi_1) + c_2(\varphi_2, \varphi_2) + \dots + c_n(\varphi_2, \varphi_n) &= (\varphi_2, f) \\ \vdots \qquad\qquad \vdots \qquad\qquad\qquad \vdots \qquad & \qquad \vdots \\ c_1(\varphi_n, \varphi_1) + c_2(\varphi_n, \varphi_2) + \dots + c_n(\varphi_n, \varphi_n) &= (\varphi_n, f). \end{aligned} \tag{1.5}$$

Die Koeffizientendeterminante

$$G = \begin{vmatrix} (\varphi_1, \varphi_1) & (\varphi_1, \varphi_2) & \dots & (\varphi_1, \varphi_n) \\ (\varphi_2, \varphi_1) & (\varphi_2, \varphi_2) & \dots & (\varphi_2, \varphi_n) \\ \vdots & \vdots & & \vdots \\ (\varphi_n, \varphi_1) & (\varphi_n, \varphi_2) & \dots & (\varphi_n, \varphi_n) \end{vmatrix} \tag{1.6}$$

ist symmetrisch und wird *Gramsche Determinante* der Funktionen $\varphi_1, \varphi_2, \dots, \varphi_n$ genannt.

Diese Determinante verschwindet nur dann, wenn die Funktionen $\varphi_1, \varphi_2, \dots, \varphi_n$ linear abhängig sind. Sind diese linear unabhängig, so ist sie positiv. Damit das System (1.5) eindeutig lösbar ist, müssen also die $n$ Funktionen $\varphi_1, \varphi_2, \dots, \varphi_n$ auf $[a, b]$ linear unabhängig sein.

Wir setzen in (1.2) den Ansatz (1.1) ein, quadrieren aus, ordnen um und berücksichtigen die Normalgleichungen (1.5). Dann ergibt sich für den Minimalwert der quadratischen Abweichung:

$$Q_{\min} = (f, f) - c_1(\varphi_1, f) - c_2(\varphi_2, f) - \dots - c_n(\varphi_n, f). \tag{1.7}$$

Als mittleren Fehler definiert man

$$m = \sqrt{\frac{Q_{\min}}{b - a}}$$

*Beispiel 1.1:* Es soll die Annäherung einer Funktion $f(x)$ auf $[-1, +1]$ durch ein Polynom $(n-1)$-ten Grades vorgenommen werden. Dazu setzen wie $\varphi_\nu(x) = x^{\nu-1}$ für $\nu = 1, 2, \dots, n$, und es wird $f_n(x) = c_1 + c_2x + c_3x^2 + \dots + c_nx^{n-1}$. Um die Normalgleichungen (1.5) aufzustellen, ermitteln wir

$$(\varphi_\nu, \varphi_\mu) = \int_{-1}^{+1} x^{\nu-1}\, x^{\mu-1}\, \mathrm{d}x = \int_{-1}^{+1} x^{\nu+\mu-2}\, \mathrm{d}x = \begin{cases} \dfrac{2}{\nu + \mu - 1} & \text{für} \quad \nu + \mu \text{ gerade} \\ 0 & \text{für} \quad \nu + \mu \text{ ungerade.} \end{cases}$$

Damit zerfallen die Normalgleichungen (1.5) in ein System für die Koeffizienten mit geradem und in eines für die Koeffizienten mit ungeradem Index.

### 1.1.3. Annäherung durch orthogonale Funktionen

Die Bestimmung der Approximationskoeffizienten $c_\nu$ mit Hilfe der Normalgleichungen unterscheidet sich von der in 1.1.1. angegebenen Ermittlung der Fourierkoeffizienten $a_\nu$ und $b_\nu$ wesentlich. Hier ist ein Gleichungssystem zu lösen, dort sind explizite Formeln vorhanden. Ein weiterer Unterschied besteht darin, daß sich bei Änderung des Approximationsgrades $n$ die Koeffizienten $c_\nu$ im allgemeinen alle ändern werden, also neu berechnet werden müssen. Dagegen bleiben die bereits berechneten Fourierkoeffizienten bei Hinzunahme weiterer Glieder in der Annäherung unverändert.

Dieser Vorteil der Fourierreihen beruht auf der Orthogonalitätseigenschaft der trigonometrischen Funktionen im Intervall $[-\pi, +\pi]$:

$$\begin{aligned}
&\int_{-\pi}^{+\pi} \cos mx \cos nx \,\mathrm{d}x = \begin{cases} 0 & \text{für } m \neq n \\ \pi & \text{für } m = n, \end{cases} \\
&\int_{-\pi}^{+\pi} \sin mx \sin nx \,\mathrm{d}x = \begin{cases} 0 & \text{für } m \neq n \\ \pi & \text{für } m = n, \end{cases} \qquad (m, n \text{ ganz}) \qquad (1.8) \\
&\int_{-\pi}^{+\pi} \sin mx \cos nx \,\mathrm{d}x = \quad 0 \quad \text{für alle } m, n.
\end{aligned}$$

Die Bezeichnung „orthogonal" ist im Zusammenhang mit der Vektorrechnung zu sehen, wo im dreidimensionalen Raum für zwei Vektoren $\mathbf{x} = (x_1, x_2, x_3)$ und $\mathbf{y} = (y_1, y_2, y_3)$, die senkrecht aufeinander stehen, also zueinander orthogonal sind, das skalare oder innere Produkt verschwindet:

$$\mathbf{x} \cdot \mathbf{y} = x_1 y_1 + x_2 y_2 + x_3 y_3 = 0.$$

Wir wollen zunächst allgemein den Begriff der *orthogonalen Funktionen* einführen. Dazu wird definiert:

Unter dem *skalaren* oder *inneren Produkt* $(f, g)$ zweier Funktionen $f(x)$ und $g(x)$ wird das über das Intervall $a \leqq x \leqq b$ genommene Integral

$$(f, g) = \int_a^b f(x)\, g(x)\,\mathrm{d}x \qquad (1.9)$$

verstanden.

*Aufgabe 1.1.:* Beweisen Sie die Schwarzsche Ungleichung $(f, g)^2 \leqq (f, f)(g, g)$.

Zwei Funktionen, für welche das skalare Produkt (1.9) verschwindet, also $(f, g) = 0$ ist, heißen *orthogonal* bezüglich des Intervalls $[a, b]$.

Das skalare Produkt einer Funktion $f(x)$ mit sich selbst ist

$$\|f\|^2 = (f, f) = \int_a^b f^2(x)\,\mathrm{d}x. \qquad (1.10)$$

$\|f\|$ heißt Norm von $f$. Ist $\|f\| = 1$, so heißt die Funktion *normiert*.

Ein System von endlich oder unendlich vielen Funktionen $\varphi_1(x)$, $\varphi_2(x)$, $\varphi_3(x)$, ..., die auf $[a, b]$ definiert sind und auf dem je zwei verschiedene Funktionen orthogonal sind, wird als *orthogonales Funktionensystem* oder *Orthogonalsystem* auf $[a, b]$ bezeichnet.

Die Funktionen $\varphi_\nu(x)$ heißen *Orthogonalfunktionen*. Für ein Orthogonalsystem gilt:

$$(\varphi_\nu, \varphi_\mu) = \begin{cases} 0 & \text{für } \mu \neq \nu \\ \|\varphi_\nu\|^2 & \text{für } \mu = \nu. \end{cases} \tag{1.11a}$$

Multipliziert man $\varphi_\nu(x)$ mit dem Faktor $1/\|\varphi_\nu\|$, so erhält man ein *normiertes Orthogonalsystem* auf $[a, b]$, dessen charakteristische Beziehungen mit $\varphi'_\nu = \varphi_\nu/\|\varphi_\nu\|$ lauten

$$(\varphi'_\nu, \varphi'_\mu) = \begin{cases} 0 & \text{für } \mu \neq \nu \\ 1 & \text{für } \mu = \nu. \end{cases} \tag{1.11b}$$

*Beispiel 1.2:* Ein Beispiel für ein normiertes Orthogonalsystem auf dem Intervall $-\pi \leqq x \leqq +\pi$ bilden die Funktionen

$$\frac{1}{\sqrt{2\pi}}, \quad \frac{\cos x}{\sqrt{\pi}}, \quad \frac{\cos 2x}{\sqrt{\pi}}, \ldots, \quad \frac{\sin x}{\sqrt{\pi}}, \quad \frac{\sin 2x}{\sqrt{\pi}}, \ldots,$$

wie man aus den Euler-Fourierschen Formeln (1.8) sofort abliest.

Nehmen wir nun für den Näherungsansatz (1.1) ein Orthogonalsystem $\varphi_1(x)$, $\varphi_2(x), \ldots, \varphi_n(x)$, so vereinfachen sich die Normalgleichungen (1.5) wesentlich. Es folgt sofort

$$c_\nu = \frac{(\varphi_\nu, f)}{\|\varphi_\nu\|^2} = \frac{1}{\|\varphi_\nu\|^2} \int_a^b \varphi_\nu(x) f(x)\, \mathrm{d}x \tag{1.12}$$

für $\nu = 1, 2, \ldots, n$. Ist das System normiert, also $\|\varphi'_\nu\| = 1$, so folgt

$$c'_\nu = (\varphi'_\nu, f) \quad \text{für } \nu = 1, 2, \ldots, n. \tag{1.13}$$

Der Ausdruck (1.12) entspricht nun den Formeln (1.8) für die Fourierkoeffizienten, und man nennt daher die Koeffizienten $c_\nu$ häufig auch die verallgemeinerten Fourierkoeffizienten von $f(x)$ bezüglich des Orthogonalsystems $\varphi_\nu(x)$.

Für derartige Funktionensysteme sind also im Fall der Konvergenz die Entwicklungskoeffizienten für jeden Annäherungsgrad endgültig. Die nachträgliche Erhöhung des Approximationsgrades $n$ hat auf die bereits berechneten Koeffizienten $c_\nu$ $(\nu \leqq n)$ keinen Einfluß mehr. Für den Minimalwert der quadratischen Abweichung gilt jetzt:

$$Q_{\min} = (f, f) - \sum_{\nu=1}^{n} \|\varphi_\nu\|^2 c_\nu^2. \tag{1.14}$$

### 1.1.4. Orthogonalisierung von linear unabhängigen Funktionen

Aus einem System von Funktionen $\psi_1(x), \psi_2(x), \psi_3(x), \ldots$, von denen für jedes $m$ je $m$ beliebig herausgenommene Funktionen linear unabhängig sind, kann man durch einfache lineare Kombinationen ein normiertes orthogonales Funktionensystem gewinnen. Bekanntlich [Band 7.1] sind $n$ Funktionen $\psi_1(x), \psi_2(x), \ldots, \psi_n(x)$ auf $[a, b]$ genau dann *linear unabhängig*, wenn es kein System von Konstanten $C_1$, $C_2, \ldots, C_n$ mit $\sum_{\nu=1}^{n} C_\nu^2 > 0$ gibt, derart, daß

$$C_1\psi_1(x) + C_2\psi_2(x) + \ldots + C_n\psi_n(x) \equiv 0$$

für $x \in [a, b]$ ist. Das bedeutet, daß es für diese Funktionen keine lineare Abhängigkeit in der angegebenen Form gibt. Beispielsweise sind die Potenzfunktionen 1, $x, x^2, \ldots, x^{n-1}$ auf jedem endlichen Intervall linear unabhängig.

Der „Orthogonalisierungsprozeß" soll jetzt beschrieben werden. Für das gesuchte System von normierten Orthogonalfunktionen $\varphi_\nu(x)$ wird der Ansatz gemacht:

$$\varphi_1' = \psi_1$$
$$\varphi_2' = a_{21}\varphi_1 + \psi_2$$
$$\varphi_3' = a_{31}\varphi_1 + a_{32}\varphi_2 + \psi_3$$
$$\varphi_4' = a_{41}\varphi_1 + a_{42}\varphi_2 + a_{43}\varphi_3 + \psi_4$$
$$\cdots\cdots\cdots\cdots\cdots$$

Die Konstanten $a_{ik}$ werden nun der Reihe nach so bestimmt, daß die Funktionen $\varphi_\nu'(x)$ paarweise orthogonal werden und jede Funktion $\varphi_\nu(x)$ normiert ist. Im einzelnen ergeben sich die folgenden Schritte:

1. $$\varphi_1 = \frac{\varphi_1'}{\|\varphi_1'\|} = \frac{\psi_1}{\|\psi_1\|}.$$

2. Aus $(\varphi_1, \varphi_2') = a_{21} + (\varphi_1, \psi_2) = 0$ folgt $a_{21} = -(\varphi_1, \psi_2)$ und somit

$$\varphi_2' = \psi_2 - (\varphi_1, \psi_2)\,\varphi_1 \quad \text{und}$$
$$\varphi_2 = \frac{\varphi_2'}{\|\varphi_2'\|}.$$

3. Aus $\begin{matrix}(\varphi_1, \varphi_3') = a_{31} + (\varphi_1, \psi_3) = 0 \\ (\varphi_2, \varphi_3') = a_{32} + (\varphi_2, \psi_3) = 0\end{matrix}$ folgt $\begin{matrix}a_{31} = -(\varphi_1, \psi_3) \\ a_{32} = -(\varphi_2, \psi_3)\end{matrix}$

und somit

$$\varphi_3' = \psi_3 - (\varphi_1, \psi_3)\,\varphi_1 - (\varphi_2, \psi_3)\,\varphi_2 \quad \text{und}$$
$$\varphi_3 = \frac{\varphi_3'}{\|\varphi_3'\|} \text{ usw.}$$

Allgemein ergibt sich die Rekursionsvorschrift:

$$\varphi_n' = \psi_n - \sum_{\nu=1}^{n-1} (\varphi_\nu, \psi_n)\,\varphi_\nu, \quad \varphi_n = \frac{\varphi_n'}{\|\varphi_n'\|}. \tag{1.15}$$

Da die Funktionen $\psi_1, \psi_2, \ldots, \psi_n$ und somit auch die aus ihnen gewonnenen Linearkombinationen $\varphi_1, \varphi_2, \ldots, \varphi_n$ linear unabhängig sind, ist $\varphi_n' \not\equiv 0$ und $\|\varphi_n'\| > 0$, so daß der beschriebene Weg immer möglich ist.

*Beispiel 1.3:* Als Beispiel wollen wir zu den vier Funktionen 1, $x$, $x^2$, $x^3$ ein normiertes Orthogonalsystem für das Intervall $[-1, +1]$ gewinnen. Wir setzen $\psi_1 = 1, \psi_2 = x, \psi_3 = x^2, \psi_4 = x^3$.
Dann wird

1. $$\|\psi_1\|^2 = \int_{-1}^{+1} dx = 2 \quad \text{und somit} \quad \varphi_1 = \frac{1}{\sqrt{2}}.$$

Weiter ergibt sich nach jeweils kurzer Rechnung:

2. $$\varphi_2' = x - (\varphi_1, \psi_2)\frac{1}{\sqrt{2}}; \qquad (\varphi_1, \psi_2) = \frac{1}{\sqrt{2}}\int\limits_{-1}^{+1} x\,dx = 0,$$

$$\varphi_2' = x, \qquad \|\varphi_2'\|^2 = \int\limits_{-1}^{+1} x^2\,dx = \frac{2}{3}, \qquad \varphi_2 = \sqrt{\frac{3}{2}}\,x.$$

3. $$(\varphi_1, \psi_3) = \frac{1}{\sqrt{2}}\int\limits_{-1}^{+1} x^2\,dx = \frac{\sqrt{2}}{3}; \qquad (\varphi_2, \psi_3) = 0,$$

$$\varphi_3' = x^2 - \frac{1}{3}, \qquad \|\varphi_3'\|^2 = \int\limits_{-1}^{+1}\left(x^2 - \frac{1}{3}\right)^2 dx = \frac{8}{45}, \qquad \varphi_3 = \sqrt{\frac{5}{8}}\,(3x^2 - 1).$$

4. $$(\varphi_1, \psi_4) = (\varphi_3, \varphi_4) = 0, \qquad (\varphi_2, \psi_4) = \sqrt{\frac{3}{2}}\int\limits_{-1}^{+1} x^4\,dx = \frac{2}{5}\sqrt{\frac{3}{2}},$$

$$\varphi_4' = x^3 - \frac{3}{5}x, \qquad \|\varphi_4'\| = \int\limits_{-1}^{+1}\left(x^3 - \frac{3}{5}x\right)^2 dx = \frac{8}{175}; \qquad \varphi_4 = \sqrt{\frac{7}{8}}\,(5x^3 - 3x).$$

Wir formen die normierten Orthogonalfunktionen $\varphi_1, \varphi_2, \varphi_3, \varphi_4$ um und schreiben

$$\begin{aligned}
\varphi_1 &= \sqrt{\frac{1}{2}}\,P_0(x) && \text{mit} \quad P_0(x) = 1,\\
\varphi_2 &= \sqrt{\frac{3}{2}}\,P_1(x) && \text{mit} \quad P_1(x) = x,\\
\varphi_3 &= \sqrt{\frac{5}{2}}\,\frac{1\cdot 3}{2}\left(x^2 - \frac{1}{3}\right) = \sqrt{\frac{5}{2}}\,P_2(x) && \text{mit} \quad P_2(x) = \frac{1\cdot 3}{2!}\left(x^2 - \frac{1}{3}\right),\\
\varphi_4 &= \sqrt{\frac{7}{2}}\,\frac{1\cdot 3\cdot 5}{3!}\left(x^3 - \frac{3}{5}x\right) = \sqrt{\frac{7}{2}}\,P_3(x) && \text{mit} \quad P_3(x) = \frac{1\cdot 3\cdot 5}{3!}\left(x^3 - \frac{3}{5}x\right).
\end{aligned} \tag{1.16}$$

Die Polynome $P_\nu(x)$ werden als *Legendresche Polynome* bezeichnet. Sie sind spezielle Kugelfunktionen (siehe auch Abschnitt 4.2.1.). Sie lassen sich auch für ganzzahliges $\nu > 4$ herleiten und erfüllen die Orthogonalitätsbeziehung

$$\int\limits_{-1}^{+1} P_\nu(x)\,P_\mu(x)\,dx = \begin{cases} 0 & \text{für} \quad \nu \neq \mu \\ \dfrac{2}{2\nu + 1} & \text{für} \quad \nu = \mu. \end{cases} \tag{1.17}$$

Will man eine Annäherung einer willkürlichen Funktion $f(x)$ auf $[-1, +1]$ durch die normierten Legendreschen Polynome durchführen, so lauten die Entwicklungskoeffizienten (1.12):

$$c_\nu = \frac{2\nu + 1}{2} \int_{-1}^{+1} P_\nu(x) f(x)\,\mathrm{d}x \quad (\nu = 0, 1, 2, \ldots).$$

Die Funktion $f(x)$ wird dann im Sinn der Methode der kleinsten Quadrate durch

$$f_n(x) = \sum_{\nu=0}^{n} P_\nu(x) \frac{2\nu + 1}{2} \int_{-1}^{+1} P_\nu(x) f(x)\,\mathrm{d}x$$

angenähert. Der Minimalwert (1.14) der quadratischen Abweichung lautet:

$$Q_{\min} = \int_{-1}^{+1} f^2(x)\,dx - \sum_{\nu=0}^{n} \frac{2}{2\nu + 1} c_\nu^2.$$

*Aufgabe 1.2.:* Es soll die Funktion $y = 2 - \cosh x$ auf dem Intervall $[-2, +2]$ durch eine ganze rationale Funktion 4. Grades mit kleinstem Abweichungsquadrat sowie durch die Taylorentwicklung bei $x = 0$ bis zum 4. Glied angenähert werden. Vergleichen Sie beide Näherungen!

## 1.2. Spezielle Orthogonalsysteme

Die Orthogonalisierung der Potenzen $1, x, x^2, x^3, \ldots$ führte im Abschnitt 1.1.4. zu den Legendreschen Polynomen (1.16). Die Aufgabe läßt sich wie folgt erweitern: Es sollen Funktionensysteme gebildet werden, die durch Orthogonalisierung der linear unabhängigen Funktionen $\sqrt{p(x)}$, $x\sqrt{p(x)}$, $x^2\sqrt{p(x)}, \ldots$ für $[a, b]$ entstehen, wenn $p(x)$ auf $[a, b]$ eine nichtnegative Funktion ist. $p(x)$ wird *Belegungsfunktion* genannt. Dabei sind im orthogonalisierten System die Faktoren von $\sqrt{p(x)}$ Polynome, die als die zur Belegung $p(x)$ gehörigen orthogonalen Polynome bezeichnet werden.

So ergeben sich für

$a = -1$, $b = 1$ und $p(x) = 1$ die *Legendresche Polynome* $P_n(x)$,

$a = 0$, $b = \infty$ und $p(x) = \mathrm{e}^{-x}$ die *Laguerreschen Polynome* $L_n(x)$,

$a = -\infty$, $b = \infty$ und $p(x) = \mathrm{e}^{-x^2}$ die *Hermiteschen Polynome* $H_n(x)$,

$a = -1$, $b = 1$ und $p(x) = \dfrac{1}{\sqrt{1 - x^2}}$ die *Tschebyschewschen Polynome* $T_n(x)$.

Wir werden die Funktionen aus anderen Zusammenhängen herleiten und ihre Orthogonalität nachträglich nachweisen. Wegen der Eindeutigkeit des Orthogonalisierungsprozesses (siehe Abschnitt 1.1.4.) müssen die Funktionen jeweils übereinstimmen.

Ein einfaches Verfahren zur Gewinnung der Funktionen beruht auf der Verwendung *erzeugender Funktionen*. Das sind Funktionen von zwei Veränderlichen, die bei Entwicklung in eine Potenzreihe nach einem Argument als Koeffizienten die darzustellenden Funktionen besitzen. Diese Funktionen enthalten das andere Argument.

### 1.2.1. Die Laguerreschen Polynome

Die *Laguerreschen Polynome* besitzen eine einfache erzeugende Funktion

$$\psi(x, t) = \frac{e^{-\frac{xt}{1-t}}}{1 - t}. \tag{1.18}$$

Entwickeln wir diese nach Potenzen von $t$, so ergibt sich (vgl. Band 3):

$$\begin{aligned}
\psi(x, t) &= \sum_{k=0}^{\infty} \frac{(-1)^k x^k}{k!} \frac{t^k}{(1-t)^{k+1}} \\
&= \sum_{k=0}^{\infty} \frac{(-1)^k x^k}{k!} \left[\sum_{\nu=0}^{\infty} (-1)^\nu \binom{-(k+1)}{\nu} t^\nu\right] t^k \\
&= \sum_{k=0}^{\infty} \frac{(-1)^k x^k}{k!} \left[\sum_{\nu=0}^{\infty} \binom{k+\nu}{\nu} t^\nu\right] t^k \\
&= \sum_{k=0}^{\infty} \frac{(-1)^k x^k}{k!} \sum_{n=k}^{\infty} \binom{n}{k} t^n = \sum_{n=0}^{\infty} \sum_{k=0}^{n} \frac{(-1)^k}{k!} \binom{n}{k} x^k t^n \\
&= \sum_{n=0}^{\infty} \frac{L_n(x)}{n!} t^n, \qquad |t| < 1,
\end{aligned}$$

wobei wir

$$\frac{1}{n!} L_n(x) = \sum_{k=0}^{n} \frac{(-1)^k}{k!} \binom{n}{k} x^k \tag{1.19}$$

gesetzt haben. Die $L_n(x)$ heißen *Laguerresche Polynome*, die Funktionen $e^{-\frac{x}{2}} L_n(x)$ *Laguerresche Funktionen.* Nach der Leibnizschen Multiplikationsregel der Differentialrechnung gilt weiterhin

$$e^x \frac{d^n(x^n e^{-x})}{dx^n} = \sum_{k=0}^{n} (-1)^k \binom{n}{k} n(n-1) \ldots (k+1)\, x^k = L_n(x) \tag{1.20}$$

oder

$$\begin{aligned}
L_n(x) &= \sum_{k=0}^{n} (-1)^{n-k} \binom{n}{k} n(n-1) \ldots (n-k+1)\, x^{n-k} \\
&= \sum_{k=0}^{n} \frac{(-1)^{n-k}}{k!} [n(n-1) \ldots (n-k+1)]^2\, x^{n-k} \\
&= (-1)^n \left[x^n - \frac{n^2}{1!} x^{n-1} + \frac{n^2(n-1)^2}{2!} x^{n-2} + \ldots + (-1)^n n!\right].
\end{aligned} \tag{1.21}$$

Für niedrige $n$ ergibt sich

$$L_0(x) = 1,\; L_1(x) = -x + 1,\; L_2(x) = x^2 - 4x + 2,$$

$$L_3(x) = -x^3 + 9x^2 - 18x + 6,\; L_4(x) = x^4 - 16x^3 + 72x^2 - 96x + 24.$$

Wir zeigen nun die Orthogonalität der Funktionen $e^{-\frac{x}{2}} L_n(x)$ und berechnen dazu mittels partieller Integration unter Beachtung von (1.23) für $n > k$:

$$\int_0^\infty e^{-x}x^k L_n(x)\,dx = \int_0^\infty x^k \frac{d^n(x^n e^{-x})}{dx^n}\,dx$$

$$= x^k \frac{d^{n-1}(x^n e^{-x})}{dx^{n-1}}\Big|_0^\infty - k\int_0^\infty x^{k-1}\frac{d^{n-1}(x^n e^{-x})}{dx^{n-1}}\,dx$$

$$= k(k-1)\int_0^\infty x^{k-2}\frac{d^{n-2}(x^n e^{-x})}{dx^{n-2}}\,dx = \ldots = (-1)^k k!\int_0^\infty \frac{d^{n-k}(x^n e^{-x})}{dx^{n-k}}\,dx$$

$$= 0. \tag{1.22}$$

Daraus folgt

$$\int_0^\infty e^{-x}L_n(x)\,L_m(x)\,dx = \int_0^\infty e^{-\frac{x}{2}}L_n(x)\,e^{-\frac{x}{2}}L_m(x)\,dx = 0 \quad \text{für } n > m,$$

weil sich dieses Integral als lineare Kombination von Integralen obiger Gestalt darstellen läßt. Damit ist die Orthogonalität der Laguerreschen Funktionen bewiesen.

Weiter ist wegen (1.24) und (1.25)

$$\int_0^\infty e^{-x}L_n^2(x)\,dx = \int_0^\infty (-1)^n x^n \frac{d^n(x^n e^{-x})}{dx^n}\,dx$$

$$= n!\int_0^\infty x^n e^{-x}\,dx = n!n\int_0^\infty x^{n-1}e^{-x}\,dx = \ldots = (n!)^2.$$

Somit bilden die Funktionen $\dfrac{e^{-\frac{x}{2}}L_n(x)}{n!}$ $(n = 0, 1, 2, \ldots)$ ein normiertes Orthogonalsystem.

Die Beziehung

$$(1-t)^2\frac{\partial\psi(x,t)}{\partial t} = (1-t-x)\,\psi(x,t)$$

liefert die Rekursionsformel

$$L_{n+1}(x) - (2n+1-x)\,L_n(x) + n^2L_{n-1}(x) = 0, \quad n \geqq 1. \tag{1.23}$$

Weiter gilt $(1-t)\dfrac{\partial\psi(x,t)}{\partial x} = -t\psi(x,t)$, und daraus gewinnt man

$$L_n'(x) - nL_{n-1}'(x) = -nL_{n-1}(x), \qquad n \geqq 1. \tag{1.24}$$

Differenzieren wir (1.23) nach $x$ und berücksichtigen (1.24), so erhalten wir

$$xL_n'(x) = nL_n(x) - n^2L_{n-1}(x), \qquad n \geqq 1. \tag{1.25}$$

Die Differentiation dieser Beziehung ergibt

$$\begin{aligned} xL_n''(x) + L_n'(x) &= nL_n'(x) - n^2L_{n-1}'(x) \\ &= n(L_n'(x) - nL_{n-1}'(x)) = -n^2L_{n-1}(x) \\ &= xL_n'(x) - nL_n(x) \end{aligned}$$

bei Beachtung von (1.24) und (1.25). Daraus erhält man die homogene lineare Differentialgleichung 2. Ordnung, der die Laguerreschen Polynome genügen:

$$xy'' + (1 - x)\,y' + ny = 0 \quad (n = 0, 1, 2, \ldots) \tag{1.26}$$

(Band 7.2). Funktionen von Bedeutung für die Quantenmechanik sind die *zugeordneten* Laguerreschen Funktionen, denn sie beschreiben die Bewegung des Elektrons im Wasserstoffatom [8]:

$$y_{n,k} = \sqrt{\mathrm{e}^{-x}x^{k-1}}\,\frac{\mathrm{d}^k}{\mathrm{d}x^k}L_n(x).$$

### 1.2.2. Die Hermiteschen Polynome

Wir gehen wie im Abschnitt 1.3.2. vor und geben zunächst eine erzeugende Funktion für diese Polynome an:

$$\begin{aligned} \psi(x, t) &= \mathrm{e}^{-t^2+2tx} = \mathrm{e}^{x^2}\,\mathrm{e}^{-(t-x)^2} \\ &= \sum_{n=0}^{\infty} \frac{H_n(x)}{n!}\,t^n, \quad |t| < \infty. \end{aligned} \tag{1.27}$$

Daraus entnimmt man

$$H_n(x) = \left.\frac{\partial^n\psi(x, t)}{\partial t^n}\right|_{t=0} = \mathrm{e}^{x^2}\left.\frac{\partial^n\,\mathrm{e}^{-(t-x)^2}}{\partial t^n}\right|_{t=0} = \mathrm{e}^{x^2}(-1)^n\,\frac{\mathrm{d}^n\,\mathrm{e}^{-x^2}}{\mathrm{d}x^n}. \tag{1.28}$$

Die *Hermiteschen Polynome* $H_n(x)$ werden demnach so gewonnen, daß man die $n$-te Ableitung von $\mathrm{e}^{-x^2}$ mit $(-1)^n\mathrm{e}^{x^2}$ multipliziert. Die ersten Hermiteschen Polynome erhält man wie folgt:

$$\begin{aligned} y &= \mathrm{e}^{-x^2} & H_0 &= 1 \\ y' &= -2x\mathrm{e}^{-x^2} & H_1 &= 2x \\ y'' &= -2\mathrm{e}^{-x^2} + 4x^2\mathrm{e}^{-x^2} & H_2 &= 4x^2 - 2 \\ y''' &= 12x\mathrm{e}^{-x^2} - 8x^3\mathrm{e}^{-x^2} & H_3 &= 8x^3 - 12x \\ y^{(4)} &= 12\mathrm{e}^{-x^2} - 48x^2\mathrm{e}^{-x^2} + 16x^4\mathrm{e}^{-x^2} & H_4 &= 16x^4 - 48x^2 + 12 \end{aligned}$$

Die Funktionen $\mathrm{e}^{-x^2/2}\,H_n(x)$ heißen *Hermitesche Funktionen*.

Wir wollen nun die Orthogonalitätseigenschaft dieser Polynome nachweisen.

Zunächst gewinnt man aus (1.27) wegen $\frac{\partial\psi(x,t)}{\partial x} = 2t\psi(x,t)$ die Beziehung

$$H_n'(x) = 2nH_{n-1}(x), \quad n \geqq 1. \tag{1.29}$$

Dann wird für $n > m$ bei Beachtung von (1.28) und (1.29) sowie der Tatsache, daß $\lim_{x\to\pm\infty} \frac{d^\nu}{dx^\nu} e^{-x^2} = 0$, mittels partieller Integration

$$\int_{-\infty}^{+\infty} e^{-x^2} H_m(x)\, H_n(x)\, dx = (-1)^n \int_{-\infty}^{+\infty} H_m(x) \frac{d^n e^{-x^2}}{dx^n}\, dx$$

$$= (-1)^{n-1} 2m \int_{-\infty}^{+\infty} H_{m-1}(x) \frac{d^{n-1} e^{-x^2}}{dx^{n-1}}\, dx = \ldots$$

$$= (-1)^{n-m} 2^m m! \int_{-\infty}^{+\infty} H_0(x) \frac{d^{n-m} e^{-x^2}}{dx^{n-m}}\, dx = 0. \tag{1.30}$$

Die Orthogonalität ist gezeigt. Für $n = m$ wird ebenso

$$\int_{-\infty}^{+\infty} e^{-x^2} H_n^2(x)\, dx = 2^n n! \int_{-\infty}^{+\infty} H_0(x)\, e^{-x^2}\, dx = 2^n n! \sqrt{\pi}.$$

Damit sind die Funktionen des normierten Orthogonalsystems:

$$\frac{H_n(x)\, e^{-\frac{x^2}{2}}}{\sqrt{2^n n! \sqrt{\pi}}} \qquad (n = 0, 1, 2, \ldots).$$

Aus $\frac{\partial\psi(x,t)}{\partial t} + 2(t - x)\,\psi(x,t) = 0$ findet man die Rekursionsvorschrift

$$H_{n+1}(x) - 2xH_n(x) + 2nH_{n-1}(x) = 0, \quad n \geqq 1, \tag{1.31}$$

und durch Kombination mit (1.29) ergibt sich

$$H_n''(x) - 2xH_n'(x) + 2nH_n(x) = 0 \quad \text{oder} \quad y'' - 2xy' + 2ny = 0 \tag{1.32}$$

als lineare homogene Differentialgleichung 2. Ordnung für die $H_n(x)$, (Band 7.2). Auch diese Funktionen finden in der Quantenmechanik ihre Anwendung [8].

### 1.2.3. Die Tschebyschewschen Polynome

Die *Tschebyschewschen Polynome* werden mit $x = \cos\vartheta$ erklärt durch:

$$T_n(x) = \frac{\cos n\vartheta}{2^{n-1}} = \frac{\cos(n \arccos x)}{2^{n-1}} \qquad \text{für} \quad n \geqq 1,\ T_0(x) = 1. \tag{1.33}$$

Aufgrund der Formel (Band 1, 5.3.4.)

$$\cos n\vartheta = \cos^n\vartheta - \binom{n}{2}\cos^{n-2}\vartheta\,\sin^2\vartheta + \binom{n}{4}\cos^{n-4}\vartheta\,\sin^4\vartheta \pm \ldots$$

sind sie tatsächlich Polynome in $x$. Für niedrige $n$ ergibt sich

$$T_1(x) = \cos\vartheta = x,$$
$$T_2(x) = \tfrac{1}{2}\cos 2\vartheta = \tfrac{1}{2}(\cos^2\vartheta - \sin^2\vartheta) = \cos^2\vartheta - \tfrac{1}{2} = x^2 - \tfrac{1}{2},$$
$$T_3(x) = \tfrac{1}{4}\cos 3\vartheta = \tfrac{1}{4}(\cos^3\vartheta - 3\cos\vartheta\sin^2\vartheta) = \cos^3\vartheta - \tfrac{3}{4}\cos\vartheta$$
$$= x^3 - \tfrac{3}{4}x,$$
$$T_4(x) = \tfrac{1}{8}\cos 4\vartheta = \tfrac{1}{8}(\cos^4\vartheta - 6\cos^2\vartheta\sin^2\vartheta + \sin^4\vartheta)$$
$$= \cos^4\vartheta - \cos^2\vartheta + \tfrac{1}{8} = x^4 - x^2 + \tfrac{1}{8}.$$

Die Orthogonalitätseigenschaft wird leicht aus

$$\int\limits_{x=-1}^{+1} \frac{1}{\sqrt{1-x^2}} T_n(x)\, T_m(x)\, \mathrm{d}x = \frac{1}{2^{n+m-2}} \int\limits_{\vartheta=0}^{\pi} \cos n\vartheta \cos m\vartheta \, \mathrm{d}\vartheta$$

$$= \frac{1}{2^{n+m-1}} \int\limits_{\vartheta=-\pi}^{+\pi} \cos n\vartheta \cos m\vartheta \, \mathrm{d}\vartheta = \begin{cases} 0 & \text{für} \quad n \neq m \\ \dfrac{\pi}{2^{2n-1}} & \text{für} \quad n = m \end{cases} \tag{1.34}$$

ersichtlich. Die Funktionen

$$\frac{1}{\sqrt{\pi}}, \qquad \frac{2^n}{\sqrt{2\pi}} \frac{T_n(x)}{\sqrt[4]{1-x^2}} = \cos n\vartheta \sqrt{\frac{2}{\pi \sin\vartheta}}$$

bilden ein normiertes Orthogonalsystem.

*Aufgabe 1.3.:* Leiten Sie die Rekursionsformel

$$T_{n+1}(x) - xT_n(x) + \tfrac{1}{4} T_{n-1}(x) = 0$$

für $n \geqq 2$ her. Wie lauten die entsprechenden Beziehungen für $n = 0$ und $n = 1$?

*Aufgabe 1.4.:* Zeigen Sie, daß die Tschebyschewschen Polynome als Entwicklungskoeffizienten der erzeugenden Funktion

$$\psi(x, t) = \frac{1 - t^2}{1 - 2tx + t^2}, \quad |t| < 1,$$

auftreten.

Die Tschebyschewschen Polynome haben die besondere Eigenschaft, daß bei ihnen das Maximum des absoluten Betrages im Intervall $[-1, 1]$ den kleinsten Wert annimmt, der bei einem Polynom $n$-ten Grades mit höchstem Koeffizient 1 überhaupt möglich ist. Es gilt also $\max\limits_{[-1,+1]} |T_n(x)| = \text{Min}$, wobei zur Minimumbildung die Polynome $n$-ten Grades mit höchstem Koeffizienten 1 zugelassen sind.

Das ist das Kennzeichen der sogenannten gleichmäßigen oder *Tschebyschewschen Approximation* für eine beliebige Funktion $f(x)$:

$$\max_{[-1,1]} |\varphi_n(x) - f(x)| = \text{Min}.$$

# 2. Gammafunktion

## 2.1. Definition und Darstellungen

### 2.1.1. Definition als Verallgemeinerung der Fakultät

Die im Folgenden zu untersuchende Funktion besitzt für uns eine besondere Bedeutung, da sie in den verschiedenen Darstellungen spezieller Funktionen auftritt. Ihre Eigenschaften bestimmen damit die Eigenschaften dieser für Anwendungen in Technik und Naturwissenschaften bedeutenden Funktionen.

Wir gehen aus vom gut bekannten Begriff der Fakultät. Für natürliche Zahlen $n$ gilt $n! = 1 \cdot 2 \ldots n$ für $n \geqq 1$. Offenbar ist:

$$n! = n(n-1)! \quad \text{für} \quad n \geqq 2 \quad \text{mit} \quad 1! = 1. \tag{2.1}$$

Nun besteht die Notwendigkeit, zur Lösung verschiedener Aufgaben eine Funktion $f(z)$ zu besitzen, die die in (2.1) gegebene Funktionalgleichung für beliebige komplexe Argumentwerte $z$ (zumindest aber für reelle Argumentwerte $x$) erfüllt, und für die $f(1) = 1$ gilt, d. h. gesucht ist $f(z)$ mit

$$f(z+1) = zf(z) \quad \text{und} \quad f(1) = 1. \tag{2.2}$$

Spezialisieren wir zum Zwecke der Anschaulichkeit zunächst unser Problem so, indem wir $z = x$ reell wählen, so besteht die Aufgabe, zur bekannten diskreten Funktion $n!$ eine Funktion $f(x)$ zu finden, für die (2.2) gilt, also (2.1) erhalten bleibt (Bild 2.1).

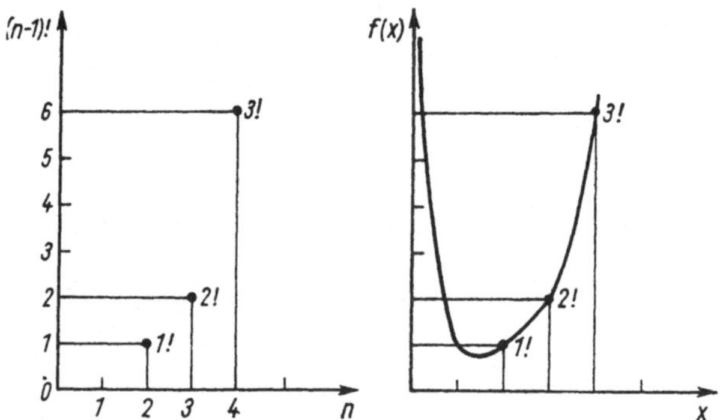


Bild 2.1. Interpolation der Fakultät

Eine Funktion $f(z)$, die die Eigenschaft (2.2) besitzt, wird durch das uneigentliche Integral (vgl. Band 5, 1.5)

$$\int_0^\infty t^{z-1} \, e^{-t} \, dt$$

erklärt. Nach Euler wird dieses Integral mit $\Gamma(z)$ bezeichnet und definiert die sogenannte *Gammafunktion*

$$\Gamma(z) = \int_0^\infty t^{z-1} \, e^{-t} \, dt. \tag{2.3}$$

Es gilt:

a) $$\Gamma(1) = \int\limits_0^\infty t^0 \, \mathrm{e}^{-t} \, \mathrm{d}t = -\mathrm{e}^{-t}\Big|_0^\infty = -\left(\lim_{t\to\infty} \mathrm{e}^{-t} - \mathrm{e}^{-0}\right) = 1.$$

b) Das uneigentliche Integral $\int\limits_0^\infty t^{z-1} \, \mathrm{e}^{-t} \, \mathrm{d}t$ konvergiert für $\mathrm{Re}(z) > 0$ und stellt in diesem Gebiet eine holomorphe Funktion dar.

c) Mittels partieller Integration kann man folgendermaßen rechnen:

$$\Gamma(z) = \int\limits_0^\infty t^{z-1} \, \mathrm{e}^{-t} \, \mathrm{d}t = \frac{t^z}{z} \mathrm{e}^{-t}\Big|_0^\infty + \int\limits_0^\infty \frac{t^z}{z} \mathrm{e}^{-t} \, \mathrm{d}t$$

$$= 0 + \frac{1}{z} \int\limits_0^\infty t^{(z+1)-1} \mathrm{e}^{-t} \, \mathrm{d}t$$

$$= \frac{1}{z} \Gamma(z+1). \tag{2.4}$$

Aus a) und c) ergibt sich unmittelbar

$$\Gamma(z+1) = z\Gamma(z), \quad \Gamma(1) = 1,$$

also (2.2) für $f(z) = \Gamma(z)$.

*Aufgabe 2.1:* Man beweise die oben angegebene Eigenschaft b) der Funktion $\Gamma(z)$.

Durch die obigen Betrachtungen ist die Gammafunktion eingeführt. Sie besitzt außer den genannten Eigenschaften a), b) und c) noch die beiden folgenden wesentlichen Merkmale:

1) $\Gamma(z)$ ist holomorph für alle komplexen $z$ mit Ausnahme von $z = 0, -1, -2, \ldots$, und für dieselbe Menge komplexer Zahlen $z$ gilt:

$$\Gamma(z) = \frac{1}{z} \Gamma(z+1).$$

2) Für $z \neq 0$ gilt in $|\mathrm{Re}(z)| < \frac{1}{2}$ $\quad \Gamma(z) = \frac{1}{z} + O(1)$ [1].

Merkmal 1) bedeutet nichts anderes als die Beziehung (2.4), die unter gleichzeitiger Beibehaltung der Holomorphie auf alle komplexen $z$ außer $z = 0, -1, -2, \ldots$ ausgedehnt wird. Merkmal 2) besagt, daß die Funktion $\left|\Gamma(z) - \frac{1}{z}\right|$ im Parallelstreifen $|\mathrm{Re}(z)| < \frac{1}{2}$ mit Ausnahme des Punktes $z = 0$ nach oben beschränkt ist.

Wir weisen nun Merkmal 1) nach und betrachten dazu (2.4). Da $\Gamma(z+1)$ für $\mathrm{Re}(z) > -1$ durch (2.3) erklärt ist, leistet (2.4) die analytische Fortsetzung des Integrals (2.3) in die $z$-Ebene mit Ausnahme der Punkte $z = -n$, $n = 0, 1, 2, \ldots$, wo die Funktion je einen einfachen Pol besitzt (vgl. Band 9). Wegen (2.4) ist der

---

[1]) Bezüglich der Landauschen Ordnungssymbole $o$ und $O$ verweisen wir auf Band 3.

Punkt $z = 0$ nämlich einfacher Pol von $\Gamma(z)$. Ersetzen wir in (2.4) $\Gamma(z+1)$ durch $\frac{1}{z+1}\Gamma(z+2)$ (partielle Integration von $\int_0^\infty t^z e^{-t}\,dt$), so gilt:

$$\Gamma(z) = \frac{1}{z}\frac{1}{z+1}\Gamma(z+2). \tag{2.5}$$

Demzufolge ist auch $z = -1$ einfacher Pol von $\Gamma(z)$. So fortfahrend zeigt man die obige Behauptung. Demzufolge ist Merkmal 1) nachgewiesen und gleichzeitig die Art der Singularitäten der Funktion $\Gamma(z)$ (einfache Pole) bestimmt.

Merkmal 2) zeigt man ausgehend von der mit (2.4) gefundenen Beziehung

$$\Gamma(z) = \frac{1}{z}\int_0^\infty t^z e^{-t}\,dt.$$

Da $\int_0^\infty t^z e^{-t}\,dt = 1 + O(1)$ für $|\mathrm{Re}(z)| < \frac{1}{2}$ gilt, ist

$$\Gamma(z) = \frac{1}{z}(1 + O(1)) = \frac{1}{z} + O(1)$$

nachgewiesen.

Wir hatten schon festgestellt, daß $\Gamma(z)$ die Funktionalgleichung

$$\Gamma(z+1) = z\Gamma(z)$$

erfüllt. Für natürliche Zahlen $z = n$ gilt speziell:

$$\Gamma(n) = (n-1)! \tag{2.6}$$

Wegen dieser Beziehung ist es auch sachgemäß $1 = \Gamma(1) = 0!$, d. h. $0!$ durch 1 zusätzlich zu definieren. Somit haben wir auch gezeigt, daß die Gammafunktion die anfangs gestellte Forderung – Übereinstimmung mit der Fakultät für natürliche Argumente – erfüllt. Im Bild 2.2 wird die Gammafunktion für reelle Zahlen $z = x$ und ebenso die Funktion $[\Gamma(z)]^{-1}$ dargestellt.

Abschließend sei der mathematisch interessante Sachverhalt bemerkt, daß es auch möglich wäre, die Gammafunktion $\Gamma(z)$ durch die Merkmale 1) und 2) zu definieren. Es läßt sich nämlich zeigen, daß es höchstens eine Funktion gibt, die diese Merkmale besitzt, und daß diese Funktion angegeben werden kann. (Die Beziehung $\Gamma(1) = 1$ folgt aus 1 und 2,

$$z\Gamma(z) = 1 + z\cdot O(1) \quad \text{für} \quad |\mathrm{Re}(z)| < \frac{1}{2}, \quad z \neq 0,$$

$$\Gamma(1) = \lim_{z\to 0}\Gamma(z+1) = \lim_{z\to 0} z\Gamma(z) = \lim_{z\to 0}(1 + z\cdot O(1)) = 1$$

braucht also nicht als zusätzliches Merkmal gefordert zu werden.) Daß die Funktion angegeben werden kann, haben wir oben gezeigt (2.3). Den Beweis dafür, daß es höchstens eine solche Funktion gibt, führen wir hier nicht vor.

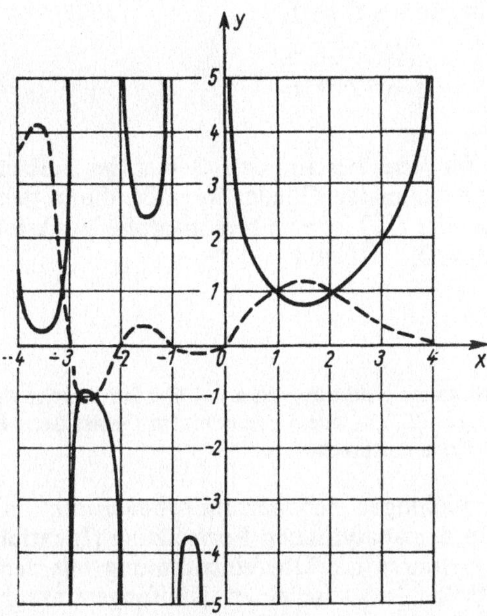


Bild 2.2. Die Funktionen $\Gamma(x)$ und $[\Gamma(x)]^{-1}$ für $x$ reell

### 2.1.2. Residuen von $\Gamma(z)$, Formel von Euler, Weierstraßsche Produktform, Hankelsche Integraldarstellung

Zunächst stellen wir uns die Aufgabe, das Residuum von $\Gamma(z)$ am Pol $z = -n$, $n = 0, 1, 2, \ldots$, zu berechnen (vgl. Band 9). Wir betrachten:

$$\Gamma(z) = \int_0^\infty e^{-t}\, t^{z-1}\, dt = \int_0^1 e^{-t}\, t^{z-1}\, dt + \int_1^\infty e^{-t}\, t^{z-1}\, dt.$$

Hierbei ist $t^{z-1} = e^{(z-1)\log t}$, und für $t > 0$ ist $\log t$ reell. Die Funktion

$$\omega(z) = \int_1^\infty e^{-t}\, t^{z-1}\, dt$$

erweist sich als ganze Funktion von $z$. Das Integral

$$\int_0^1 e^{-t}\, t^{z-1}\, dt$$

kann nach Einsetzen von

$$e^{-t} = \sum_{n=0}^{\infty} (-1)^n \frac{t^n}{n!}$$

und gliedweiser Integration als unendliche Reihe

$$\int_0^1 e^{-t}\, t^{z-1}\, dt = \sum_{n=0}^{\infty} \frac{(-1)^n}{n!} \frac{1}{z+n} \quad \text{für} \quad \operatorname{Re}(z) > 0$$

dargestellt werden. Demzufolge gilt für $\mathrm{Re}(z) > 0$

$$\Gamma(z) = \sum_{n=0}^{\infty} \frac{(-1)^n}{n!} \frac{1}{z+n} + \int_1^{\infty} e^{-t} t^{z-1}\, dt. \tag{2.7}$$

Die unendliche Reihe konvergiert für jedes beschränkte Gebiet der $z$-Ebene absolut und gleichmäßig, sofern man einige der ersten Glieder wegläßt, die in den Punkten $z = -n$ einfache Pole haben. Also gilt: $\Gamma(z)$ ist eine meromorphe Funktion mit den einfachen Polen in $z = -n$, $n = 0, 1, 2, \ldots$, und

$$\operatorname{Res} \Gamma(z)\Big|_{z=-n} = \frac{(-1)^n}{n!}.$$

*Aufgabe 2.2:* a) Man zeige, daß $\omega(z)$ eine ganze Funktion von $z$ ist! b) Man beweise die absolute und gleichmäßige Konvergenz der Reihe aus (2.7) in jedem beschränkten Gebiet der $z$-Ebene nach Weglassen einiger Glieder, die einfachen Polen entsprechen.

Nachfolgend sollen weitere Darstellungen der meromorphen Funktion $\Gamma(z)$ angegeben werden. Nach dem Prinzip der analytischen Fortsetzung (Identitätssatz für holomorphe Funktionen) genügt es hierzu die Übereinstimmung mit der Integraldarstellung (2.3) auf einer Punktfolge $\{z_\nu\}$, die einen Häufungspunkt $z_0$ besitzt, $z_\nu, z_0 \neq 0, -1, -2, \ldots$, nachzuweisen. Wir betrachten die für positive $p$ und $t$ gültige Ungleichung

$$e^{\frac{t}{p}} > 1 + \frac{t}{p},$$

aus der sofort

$$e^{-t} < \left(1 + \frac{t}{p}\right)^{-p}$$

folgt. Setzen wir $1 + \frac{t}{p} = \frac{1}{s}$ und betrachten (2.3) mit $z > 0$, so kann man $\Gamma(z)$ wie folgt abschätzen:

$$\Gamma(z) = \int_0^{\infty} e^{-t} t^{z-1}\, dt < \int_0^{\infty} \left(1 + \frac{t}{p}\right)^{-p} t^{z-1}\, dt = p^z \int_0^1 s^{p-1-z}(1-s)^{z-1}\, ds.$$

Denken wir uns $p$ so gewählt, daß $n = p - 1 - z$ ganzzahlig und positiv wird, so erhält man durch fortgesetztes partielles Integrieren:

$$\int_0^1 s^n (1-s)^{z-1}\, ds = \frac{n}{z} \int_0^1 s^{n-1}(1-s)^z\, ds = \ldots$$

$$= \frac{n}{z} \frac{n-1}{z+1} \cdots \frac{1}{z+n-1} \int_0^1 (1-s)^{z+n-1}\, ds = \frac{n!}{z(z+1)\ldots(z+n)}.$$

Also gilt

$$\Gamma(z) < (z+n+1)^z \frac{n!}{z(z+1)\ldots(z+n)}. \tag{2.8'}$$

Auf ähnliche Weise erhalten wir eine untere Abschätzung für $\Gamma(z)$.

Es ist

$$e^t \leqq 1 + t + t^2 + \dots = \frac{1}{1-t} \quad \text{für} \quad 0 \leqq t < 1$$

und daher

$$e^{-t} \geqq 1 - t \quad \text{für} \quad 0 \leqq t \leqq 1$$

und

$$e^{-\frac{t}{n}} \geqq 1 - \frac{t}{n} \quad \text{für} \quad 0 \leqq t \leqq n.$$

Demzufolge gilt für positive $z$, wenn wir $1 - \frac{t}{n} = s$ setzen

$$\Gamma(z) > \int_0^n e^{-t} t^{z-1} \, dt \geqq \int_0^n t^{z-1} \left(1 - \frac{t}{n}\right)^n dt = n^z \int_0^1 s^n (1-s)^{z-1} \, ds.$$

Wie oben ergibt sich

$$\Gamma(z) > n^z \frac{n!}{z(z+1)\dots(z+n)}. \tag{2.8''}$$

Damit ist insgesamt für natürliche Zahlen $n, n > 0$, folgende Einschachtelungsrelation ermittelt worden:

$$\Gamma(z) \left(\frac{n}{z+n+1}\right)^z < \frac{n^z n!}{z(z+1)\dots(z+n)} < \Gamma(z) \quad \text{für} \quad z > 0. \tag{2.8'''}$$

Durch Grenzübergang $n \to \infty$ folgt hieraus die von Gauss als Definition der Gammafunktion benutzte Darstellung

$$\Gamma(z) = \lim_{n\to\infty} \frac{n^z n!}{z(z+1)\dots(z+n)}. \tag{2.8}$$

Nach dem oben erwähnten Prinzip der analytischen Fortsetzung ist diese Darstellung auch für alle $z \neq 0, -1, -2, \dots$ gültig, da hierfür der Grenzwert auf der rechten Seite von (2.8) sinnvoll ist.

Aus (2.8) erhält man eine Darstellung von $\frac{1}{\Gamma(z)}$ als unendliches Produkt. Es ist

$$\Gamma(z) = \lim_{n\to\infty} \frac{n^{z-1} n!}{z(z+1)\dots(z+n-1)} \frac{n}{z+n}$$

$$= \lim_{n\to\infty} \frac{n^{z-1}}{\left(1 + \frac{z-1}{1}\right)\left(1 + \frac{z-1}{2}\right)\dots\left(1 + \frac{z-1}{n}\right)}.$$

Ersetzt man noch $z$ durch $z + 1$ und verwendet (2.4), so wird

$$\frac{1}{\Gamma(z)} = \lim_{n\to\infty} \left\{\left(\prod_{k=1}^n \left(1 + \frac{z-1}{k}\right) e^{-\frac{z-1}{k}}\right) \exp\left[(z-1)\left(\sum_{k=1}^n \frac{1}{k} - \ln n\right)\right]\right\}. \tag{2.9'}$$

Weiter ist

$$C = \lim_{n\to\infty}\left(\sum_{k=1}^{n}\frac{1}{k} - \ln n\right) \approx 0{,}5772157$$

die Eulersche Konstante (die mit $-\Gamma'(1)$ übereinstimmt), und somit folgt aus (2.9′) die *Weierstraß-sche Produktdarstellung* von $\dfrac{1}{\Gamma(z)}$:

$$\frac{1}{\Gamma(z)} = z\,\mathrm{e}^{C\cdot z}\prod_{n=1}^{\infty}\left(1+\frac{z}{n}\right)\mathrm{e}^{-\frac{z}{n}}. \tag{2.9}$$

Besonders nützlich zur Darstellung von Funktionen sind Kurvenintegrale. Wir betrachten das uneigentliche Kurvenintegral

$$I = \int_{\infty}^{(0^+)} (-t)^{z-1}\,\mathrm{e}^{-t}\,\mathrm{d}t \tag{2.10}$$

mit endlichem $z$, $\mathrm{Re}(z) > 0$ und $z$ nicht ganzzahlig. Hierbei ist $t$ komplex und das Symbol $\int_{\infty}^{(0^+)}$ bezeichnet die Integration längs eines Weges $\mathfrak{C}$ der $t$-Ebene, wie er im Bild 2.3 dargestellt ist. Dieser Weg kommt vom Punkt $\infty$ aus dem 1. Quadranten, umläuft den Nullpunkt positiv und geht zum Punkt $\infty$ im 4. Quadranten zurück.

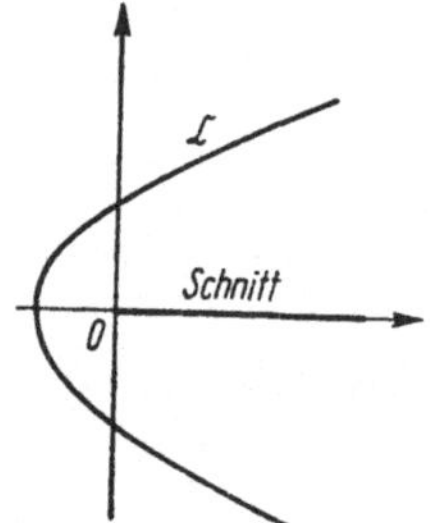


Bild 2.3. Integrationsweg zur Darstellung der $\Gamma$-Funktion als Kurvenintegral

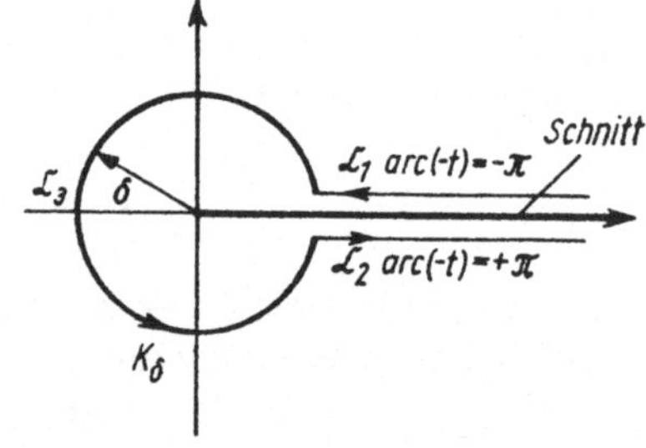


Bild 2.4. Deformierter Integrationsweg

Die $t$-Ebene wird längs der positiven reellen Achse aufgeschnitten und $(-t)^{z-1} = \mathrm{e}^{(z-1)\log(-t)}$ mit $\log(-t)$ reell für $t < 0$ festgesetzt. Damit wird die mehrdeutige Funktion $(-t)^{z-1}$ eindeutig gemacht. Mit Hilfe des Cauchyschen Integralsatzes wird der Weg $\mathfrak{C}$ auf den in Bild 2.4 dargestellten Weg deformiert. Auf den Teilwegen $\mathfrak{C}_1, \mathfrak{C}_2, \mathfrak{C}_3$ erhalten wir $(-t)^{z-1}$ dann folgendermaßen:

$$\mathfrak{C}_1\colon (-t)^{z-1} = \mathrm{e}^{(z-1)(\log|t|+\mathrm{i}(-\pi))},$$
$$\mathfrak{C}_2\colon (-t)^{z-1} = \mathrm{e}^{(z-1)(\log|t|+\mathrm{i}\pi)},$$
$$\mathfrak{C}_3 = K_\delta\colon (-t)^{z-1} = \mathrm{e}^{(z-1)(\log\delta+\mathrm{i}\,\mathrm{arc}(-t))},$$

auf

$$K_\delta\colon\ -t = \delta\,\mathrm{e}^{\mathrm{i}\varphi},\quad -\pi < \mathrm{arc}(-t) \leqq +\pi,\ \mathrm{arc}(-t) = \varphi.$$

Es gilt

$$I = \int_{\infty}^{(0^+)} (-t)^{z-1}\,\mathrm{e}^{-t}\,\mathrm{d}t = \int_{\mathfrak{C}_1} \mathrm{e}^{-\mathrm{i}\pi(z-1)}\,|t|^{z-1}\,\mathrm{e}^{-t}\,\mathrm{d}t + \int_{\mathfrak{C}_2} \mathrm{e}^{\mathrm{i}\pi(z-1)}\,|t|^{z-1}\,\mathrm{e}^{-t}\,\mathrm{d}t$$
$$+ \int_{K_\delta} \delta^{z-1}\,\mathrm{e}^{(z-1)\mathrm{i}\varphi}\,\mathrm{e}^{\delta\mathrm{e}^{\mathrm{i}\varphi}}\,\mathrm{d}\varphi. \tag{2.11}$$

Weiter gilt:

$$\int_{K_\delta} \delta^{z-1} e^{(z-1)i\varphi} e^{\delta \cdot e^{i\varphi}} dt = \int_{-\pi}^{+\pi} \delta^{z-1} e^{(z-1)i\varphi} e^{\delta(\cos\varphi + i\sin\varphi)} i\,\delta\, e^{i\varphi} d\varphi$$

$$= i\,\delta^z \int_{-\pi}^{+\pi} e^{iz\varphi + \delta(\cos\varphi + i\sin\varphi)} d\varphi .$$

Für $\delta \to 0$ geht $\delta^z \to 0$ und $\int_{-\pi}^{+\pi} e^{iz\varphi+\delta(\cos\varphi+i\sin\varphi)} d\varphi \to \int_{-\pi}^{+\pi} e^{iz\varphi} d\varphi$. Demzufolge geht das Integral über $K_\delta$ gegen 0, und es gilt somit:

$$I = \lim_{\delta \to 0} \Big[ \int_{\mathfrak{C}_1} e^{-\pi i(z-1)} |t|^{z-1} e^{-t} dt + \int_{\mathfrak{C}_2} e^{i\pi(z-1)} |t|^{z-1} e^{-t} dt \Big]$$

$$= e^{-i\pi(z-1)} \int_{\infty}^{0} \tau^{z-1} e^{-\tau} d\tau + e^{i\pi(z-1)} \int_{0}^{\infty} \tau^{z-1} e^{-\tau} d\tau$$

$$= (e^{i\pi(z-1)} - e^{-i\pi(z-1)}) \int_{0}^{\infty} \tau^{z-1} e^{-\tau} d\tau$$

$$= (e^{-i\pi z} - e^{i\pi z}) \int_{0}^{\infty} \tau^{z-1} e^{-\tau} d\tau$$

$$= -2i \sin \pi z\, \Gamma(z).$$

Unsere Überlegung führt zur *Hankelschen Integraldarstellung*

$$\Gamma(z) = \frac{-1}{2i \sin \pi z} \int_{\infty}^{(0^+)} (-1)^{z-1} e^{-t} dt \tag{2.12}$$

für die Gammafunktion. Diese für $\mathrm{Re}(z) > 0$ bewiesene Darstellung leistet die analytische Fortsetzung der durch (2.3) erklärten $\Gamma$-Funktion in die endliche $z$-Ebene mit Ausnahme der ganzzahligen Punkte $z = 0, \pm 1, \pm 2, \ldots$, da das Schleifenintegral auf der rechten Seite von (2.12) für endliche $z$ holomorph ist.

## 2.2. Eigenschaften der Gammafunktion

Außer den in 2.1.1. behandelten Grundeigenschaften der Gammafunktion gibt es noch einige weitere wesentliche Eigenschaften, die für die Behandlung anderer spezieller Funktionen eine große Rolle spielen und deshalb hier zusammengestellt bzw. hergeleitet werden. Diese Beziehungen gelten für sämtliche Darstellungen der Gammafunktion.

1. *Beziehung zu den trigonometrischen Funktionen*

Es gilt

$$\Gamma(z)\,\Gamma(1-z) = \frac{\pi}{\sin \pi z}, \quad z \neq 0, \pm 1, \pm 2, \ldots \tag{2.13}$$

*Beispiel 2.1:* Für $z = \frac{1}{2}$ erhält man aus (2.13)

$$\left[\Gamma\left(\frac{1}{2}\right)\right]^2 = \frac{\pi}{\sin\frac{\pi}{2}} = \pi, \quad \text{d. h.} \quad \Gamma\left(\frac{1}{2}\right) = \sqrt{\pi}.$$

Weiterhin folgt durch Anwendung von $\Gamma(z+1) = z\Gamma(z)$ hieraus

$$\Gamma\left(\frac{3}{2}\right) = \Gamma\left(1 + \frac{1}{2}\right) = \frac{1}{2}\Gamma\left(\frac{1}{2}\right) = \frac{1}{2}\sqrt{\pi}\,,$$

$$\Gamma\left(\frac{3}{2} + 1\right) = \frac{3}{2}\Gamma\left(\frac{3}{2}\right) = \frac{3}{2}\cdot\frac{1}{2}\sqrt{\pi}\,,$$

$$\Gamma\left(\frac{3}{2} + n\right) = \frac{(2n+1)(2n-1)\ldots 3\cdot 1}{2^{n+1}}\sqrt{\pi} \quad \text{für} \quad n \geqq 1, \text{ ganzzahlig.} \tag{2.13'}$$

*Aufgabe 2.3:* a) Man beweise Formel (2.13) unter Verwendung von (2.9) und der Darstellung der Sinusfunktion als unendliches Produkt.
b) Mit Hilfe von (2.13) weise man die folgende Integraldarstellung nach:

$$\frac{1}{\Gamma(z)} = \frac{\mathrm{i}}{2\pi} \int\limits_{\infty}^{(0^+)} (-t)^{-z}\, e^{-t}\, \mathrm{d}t. \tag{2.14}$$

2. *Multiplikationstheorem von Gauß und Legendre*
Für $n = 1, 2, \ldots$ gilt

$$\Gamma(z)\Gamma\left(z + \frac{1}{n}\right)\Gamma\left(z + \frac{2}{n}\right)\ldots\Gamma\left(z + \frac{n-1}{n}\right) = (2\pi)^{\frac{1}{2}(n-1)}\, n^{\frac{1}{2}-nz}\,\Gamma(nz). \tag{2.15}$$

*Beispiel 2.2*: Für $n = 2$ ergibt sich die als *Legendresche Relation* bzw. als *Verdoppelungssatz* bekannte Formel

$$2^{2z-1}\Gamma(z)\,\Gamma(z + \tfrac{1}{2}) = \sqrt{\pi}\,\Gamma(2z). \tag{2.16}$$

*Aufgabe 2.4:* Man beweise (2.16) ausgehend von der Darstellung (2.8) der Gammafunktion!

3. *Asymptotische Entwicklung des Logarithmus der Gammafunktion – Stirlingsche Reihe*
Für $\log \Gamma(z)$ gilt die als Stirlingsche Reihe bekannte asymptotische Entwicklung

$$\log \Gamma(z) \sim \left(z - \frac{1}{2}\right)\log z - z + \frac{1}{2}\log 2\pi + \sum_{r=1}^{\infty} \frac{(-1)^{r-1}B_{2r}}{2r(2r-1)\,z^{2r-1}} \tag{2.17}$$

für $z \to \infty$ in $|\arc z| \leqq \pi - \delta$, $\delta > 0$, wobei $B_r$ die Bernoullischen Zahlen (vgl. Band 3, Beispiele 4.16 und 4.24) sind. Hiermit besitzen wir natürlich auch sofort die asymptotische Entwicklung für $\Gamma(z)$. Nachfolgend schreiben wir diese in der Art auf, daß wir die asymptotische Reihe nach dem 5. Glied abbrechen. Es gilt

$$\Gamma(z) = z^{z-\frac{1}{2}}\,\mathrm{e}^{-z}(2\pi)^{\frac{1}{2}}\left[1 + \frac{1}{12z} + \frac{1}{288z^2} - \frac{139}{51\,840z^3} - \frac{571}{2\,488\,320z^4} + O\left(\frac{1}{z^5}\right)\right] \tag{2.18}$$

für $z \to \infty$ in $|\arc z| \leqq \pi - \delta$, $\delta > 0$.

Insbesondere besitzen wir mit dieser Formel auch die Möglichkeit, die Fakultät abzuschätzen. So ist beispielsweise

$$\Gamma(21) = 20! \approx 21^{21-\frac{1}{2}} e^{-21}(2\pi)^{\frac{1}{2}} \cdot 1 = \sqrt{\frac{2\pi}{21}}\left(\frac{21}{e}\right)^{21} > \frac{1}{2} \cdot 7^{21}. \tag{2.19}$$

Abschließend sei bemerkt, daß man das Fehlerglied bei Abbrechen der Stirlingschen Reihe mittels Formeln abschätzen kann [1].

Diese asymptotischen Aussagen über das Wachstum der Gammafunktion für große Argumentwerte werden sich als unumgängliches Hilfsmittel bei der Behandlung weiterer spezieller Funktionen erweisen.

## 2.3. Betafunktion

Sehr eng mit der Gammafunktion im Zusammenhang stehen die Eulerschen Integrale erster Art, erklärt durch

$$B(p, q) = \int_0^1 x^{p-1}(1 - x)^{q-1}\, dx, \quad \mathrm{Re}(p) > 0, \mathrm{Re}(q) > 0. \tag{2.20}$$

Hierbei verstehen wir unter $x^{p-1}$ bzw. $(1 - x)^{q-1}$ die Werte von $e^{(p-1)\log x}$ bzw. $e^{(q-1)\log(1-x)}$, die der reellen Definition des Logarithmus entsprechen. Man zeigt unter diesen Voraussetzungen leicht, daß $B(p, q)$ (eventuell im uneigentlichen Sinne) existiert. Einfache Eigenschaften von $B(p, q)$ sind

$$B(p, q) = B(q, p), \tag{2.21}$$

$$B(p, q + 1) = \frac{q}{p} B(p + 1, q), \tag{2.22}$$

$$B(p, q) = B(p + 1, q) + B(p, q + 1). \tag{2.23}$$

Besonders wichtig ist der Zusammenhang der so erklärten *Betafunktion* (so wird das Eulersche Integral ebenfalls genannt) mit der Gammafunktion. Es gilt: Für Re($p$) und Re($q$) $\neq \frac{1}{2}$ ist

$$B(p, q) = \frac{\Gamma(p)\,\Gamma(q)}{\Gamma(p + q)}. \tag{2.24}$$

## 2.4. Anwendungen der Gamma- und Betafunktion in der Wahrscheinlichkeitsrechnung und Statistik

Wir werden uns nachfolgend darauf beschränken, einige Beispiele zu nennen, wobei Gamma- bzw. Betafunktionen als bzw. in Verteilungsfunktionen zufälliger Variabler auftreten. Im technischen und ökonomischen Bereich kommen häufig stetige Zufallsvariable vor, deren Realisierungen nicht negativ sind. Eine wichtige solche Verteilung ist die Gammaverteilung. Eine Zufallsvariable $X$ mit der Dichtefunktion

$$f(x) = \begin{cases} 0 & \text{für} \quad x \leqq 0, \\ \dfrac{b^p}{\Gamma(p)}\, x^{p-1} e^{-bx} & \text{für} \quad x > 0, \end{cases}$$

wobei $p > 0$ und $b > 0$ ist, heißt gammaverteilt.

Es gilt: $f(x) \geqq 0$ für alle $x$ und mit der Substitution $bx = t$ wird

$$\int_{-\infty}^{+\infty} f(x)\,\mathrm{d}x = \frac{b^p}{\Gamma(p)} \int_0^{\infty} x^{p-1}\,\mathrm{e}^{-bx}\,\mathrm{d}x = \frac{b^p}{\Gamma(p)}\,\frac{1}{b^p} \int_0^{\infty} t^{p-1}\,\mathrm{e}^{-t}\,\mathrm{d}t = 1.$$

Für die speziellen Parameter $p = 3$ und $b = 2$ ist im Bild 2.5 die entsprechende Dichte gezeichnet.

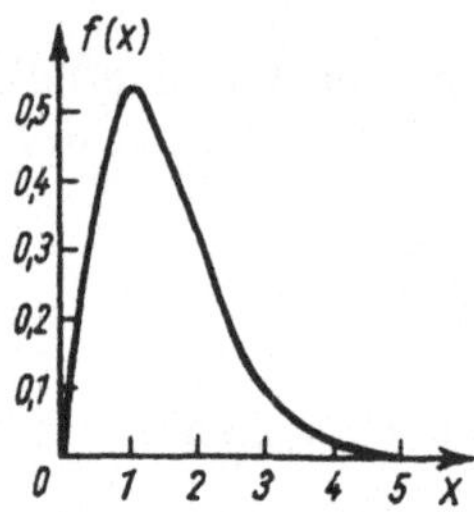


Bild 2.5. Spezielle Dichtefunktion zur Gammaverteilung

Als Verteilungsfunktion der Gammaverteilung ergibt sich

$$F(x) = \frac{b^p}{\Gamma(p)} \int_0^{x} t^{p-1}\,\mathrm{e}^{-bt}\,\mathrm{d}t = \frac{1}{\Gamma(p)} \int_0^{bx} \tau^{p-1}\,\mathrm{e}^{-\tau}\,\mathrm{d}\tau .$$

Wichtige Spezialfälle, die insbesondere in der Bedienungstheorie eine große Rolle spielen, sind die Exponentialverteilung ($p = 0$) und die Erlangverteilung ($p \geqq 1$, ganzzahlig).

Zufällige Variable, deren Realisierungen auch nach oben beschränkt sind, können häufig durch Betaverteilungen beschrieben werden. So wird in der Netzplantechnik, bei stochastischer Betrachtungsweise, die Vorgangsdauer häufig als betaverteilte Zufallsgröße angenommen.

Eine Zufallsgröße $X$ mit der Dichtefunktion

$$f(x) = \begin{cases} \dfrac{1}{B(p+1,q+1)}\,x^p(1-x)^q & \text{für} \quad 0 < x < 1;\ p,q > 0, \\ 0 & \text{sonst} \end{cases}$$

heißt standardisiert betaverteilt. Eine Vorstellung von solchen Verteilungen liefert Bild 2.6. Die

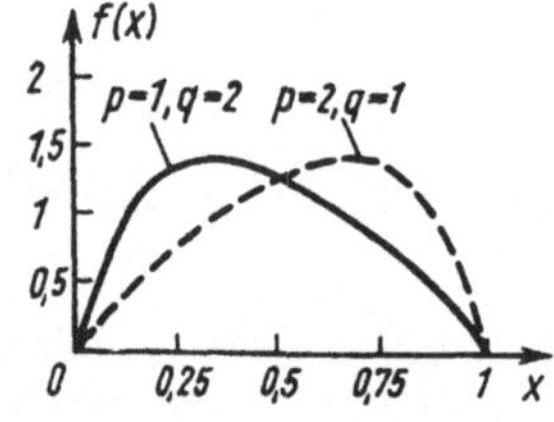


Bild 2.6. Spezielle Dichtefunktionen zur Betaverteilung

Berechnung der Momente dieser Verteilungen oder auch spezieller Funktionswerte erfordert die Kenntnis der Gamma- und Betafunktionen. Diese treten auch insbesondere in den Prüfverteilungen der mathematischen Statistik auf.

# 3. Zylinderfunktionen

## 3.1. Allgemeine Bemerkungen und Einführung der Zylinderfunktionen 1. Art

Das Studium der *Zylinderfunktionen* ist insbesondere für Naturwissenschaftler und Techniker von großer Bedeutung, weil diese Funktionen zur Lösung konkreter Probleme erforderlich sind. Beispielsweise führen Schwingungsprobleme, Knickprobleme, die Bewegung eines Elektrons in einem Magnetfeld oder die Untersuchung von Flächentragwerken auf Differentialgleichungen, deren Lösungen die Zylinderfunktionen sind, die auch Besselsche Funktionen genannt werden.

Bekannterweise spielt in der Physik die *Laplacesche Differentialgleichung*

$$\Delta\tilde{u} = \frac{\partial^2 \tilde{u}}{\partial x^2} + \frac{\partial^2 \tilde{u}}{\partial y^2} + \frac{\partial^2 \tilde{u}}{\partial z^2} = 0 \qquad (3.1)$$

eine große Rolle bei der Beschreibung von Feldern. Ist das vorgelegte Problem zylindersymmetrisch, so ist die Einführung von Zylinderkoordinaten $\varrho$, $\varphi$, $z$ anstelle der kartesischen Koordinaten $x$, $y$, $z$ zweckmäßig. Hierbei ist

$$x = \varrho\cos\varphi, \qquad \varrho^2 = x^2 + y^2,$$

$$y = \varrho\sin\varphi, \qquad \varphi = \arctan\frac{y}{x}, \qquad 0 \leqq \varrho, 0 \leqq \varrho < 2\pi,$$

$$z = z.$$

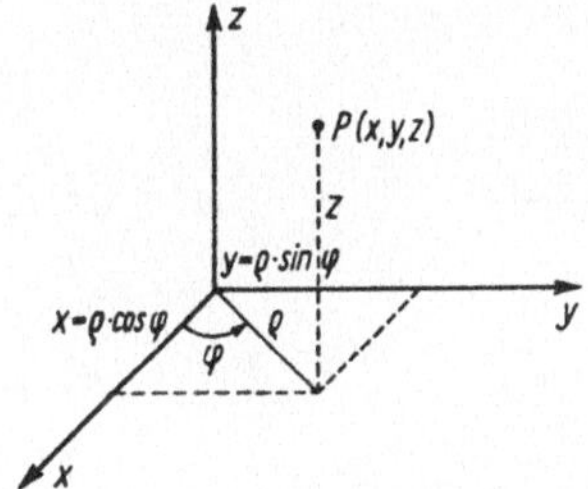


Bild 3.1. Zylinderkoordinaten

Die partielle Differentialgleichung $\Delta\tilde{u} = 0$ wird nun in Zylinderkoordinaten geschrieben. Dazu setzen wir

$$\tilde{u}(x, y, z) = \tilde{u}(\varrho\cos\varphi, \varrho\sin\varphi, z) = u(\varrho, \varphi, z).$$

Wir erhalten nach elementarer Rechnung die Laplacesche partielle Differentialgleichung für $\tilde{u}$ in Zylinderkoordinaten:

$$u_{\varrho\varrho} + \frac{1}{\varrho} u_\varrho + \frac{1}{\varrho^2} u_{\varphi\varphi} + u_{zz} = 0. \qquad (3.2)$$

Lösungen dieser Differentialgleichung findet man durch Separation, indem man den Produktansatz

$$u(\varrho, \varphi, z) = R(\varrho)\,\Phi(\varphi)\,Z(z) \not\equiv 0 \qquad (3.3)$$

in (3.2) einträgt. Man erhält dann (vgl. Band 8, Beispiel 3.16)

$$R''(\varrho)\,\Phi(\varphi)\,Z(z) + \frac{1}{\varrho} R'(\varrho)\,\Phi(\varphi)\,Z(z) + \frac{1}{\varrho^2} R(\varrho)\,\Phi''(\varphi)\,Z(z) + R(\varrho)\,\Phi(\varphi)\,Z''(z) = 0$$

und

$$R(\varrho)\,\Phi(\varphi)\,Z(z)\left[R''(\varrho)\frac{1}{R(\varrho)}+\frac{1}{\varrho}R'(\varrho)\frac{1}{R(\varrho)}+\frac{1}{\varrho^2}\Phi''(\varphi)\frac{1}{\Phi(\varphi)}+Z''(z)\frac{1}{Z(z)}\right]=0.$$

Da (3.3) nicht identisch null sein soll, muß dies für die eckige Klammer gelten. Wir schreiben deshalb:

$$\frac{R''(\varrho)}{R(\varrho)}+\frac{1}{\varrho}\frac{R'(\varrho)}{R(\varrho)}+\frac{1}{\varrho^2}\frac{\Phi''(\varphi)}{\Phi(\varphi)}=-\frac{Z''(z)}{Z(z)}. \tag{3.4}$$

Da diese Gleichung identisch in $\varrho$, $\varphi$, $z$ gelten soll, die linke Seite aber nur von $\varrho$ und $\varphi$ und die rechte Seite nur von $z$ abhängt, müssen in Wirklichkeit beide Seiten gleich einer Konstanten, die wir $-\lambda^2$ nennen wollen, sein. Demzufolge entsprechen (3.8) die beiden Gleichungen

$$\frac{R''(\varrho)}{R(\varrho)}+\frac{1}{\varrho}\frac{R'(\varrho)}{R(\varrho)}+\frac{1}{\varrho^2}\frac{\Phi''(\varphi)}{\Phi(\varphi)}+\lambda^2=0, \tag{3.5}$$

$$\frac{Z''(z)}{Z(z)}=\lambda^2. \tag{3.6}$$

Die Gl. (3.6), die in $Z''(z)-\lambda^2 Z(z)=0$ umgeformt werden kann, ist eine homogene Differentialgleichung zweiter Ordnung mit konstanten Koeffizienten und für unsere Betrachtungen uninteressant. Aus (3.5) folgt

$$\varrho^2\frac{R''(\varrho)}{R(\varrho)}+\varrho\frac{R'(\varrho)}{R(\varrho)}+\lambda^2\varrho^2=-\frac{\Phi''(\varphi)}{\Phi(\varphi)}, \tag{3.7}$$

und nach dem gleichen Schluß wie oben folgt, wenn wir die Konstante gleich $k^2$ wählen,

$$\varrho^2\frac{R''(\varrho)}{R(\varrho)}+\varrho\frac{R'(\varrho)}{R(\varrho)}+\lambda^2\varrho^2=+k^2, \tag{3.8}$$

$$\Phi''(\varphi)+k^2\Phi(\varphi)=0. \tag{3.9}$$

Die Differentialgleichung (3.8) für $R(\varrho)$ schreiben wir in der Form

$$\varrho^2R''(\varrho)+\varrho R'(\varrho)+(\lambda^2\varrho^2-k^2)\,R(\varrho)=0 \tag{3.10}$$

bzw.

$$R''(\varrho)+\frac{1}{\varrho}R'(\varrho)+\left(\lambda^2-\frac{k^2}{\varrho^2}\right)R(\varrho)=0. \tag{3.11}$$

Mit $x=\lambda\varrho$ und $R(\varrho)=\overline{R}(x)=J(x)$ wird hieraus

$$J''(x)+\frac{1}{x}J'(x)+\left(1-\frac{k^2}{x^2}\right)J(x)=0. \tag{3.12}$$

Da die Differentialgleichung (3.12) aus der Laplaceschen partiellen Differentialgleichung hervorgeht, spielen ihre Lösungen offenbar für physikalisch-technische Probleme eine wichtige Rolle.

Diese gewöhnliche Differentialgleichung zweiter Ordnung mit nichtkonstanten Koeffizienten für die gesuchte Funktion $J(x)$ heißt *Besselsche Differentialgleichung*. Die Gesamtheit ihrer Lösungen sind die *Zylinderfunktionen* oder *Besselschen Funktionen*, die nachfolgend behandelt werden (vgl. Band 7/1, Band 8, 4.4.3.). Lösungen der Differentialgleichung (3.12) findet man folgendermaßen: Wir multiplizieren (3.12) mit $x^2$ und erhalten

$$x^2J''(x)+xJ'(x)+(x^2-k^2)\,J(x)=0. \tag{3.13}$$

Zur Lösung machen wir einen Potenzreihenansatz der Form

$$J(x) = x^q \sum_{n=0}^{\infty} \alpha_n x^n \quad (q \text{ reell}).$$

Dann sind

$$J'(x) = q x^{q-1} \sum_{n=0}^{\infty} \alpha_n x^n + x^q \sum_{n=1}^{\infty} \alpha_n n x^{n-1},$$

$$J''(x) = q(q-1)\, x^{q-2} \sum_{n=0}^{\infty} \alpha_n x^n + 2q x^{q-1} \sum_{n=1}^{\infty} \alpha_n n x^{n-1} + x^q \sum_{n=2}^{\infty} \alpha_n n(n-1)\, x^{n-2}$$

Einsetzen in die Differentialgleichung liefert

$$x^q \sum_{n=0}^{\infty} q(q-1)\, \alpha_n x^n + 2x^q \sum_{n=1}^{\infty} q \alpha_n n x^n + x^q \sum_{n=2}^{\infty} \alpha_n n(n-1)\, x^n + x^q q \sum_{n=0}^{\infty} \alpha_n x^n$$

$$+ x^q \sum_{n=1}^{\infty} \alpha_n n x^n + (x^2 - k^2)\, x^q \sum_{n=0}^{\infty} \alpha_n x^n \equiv 0. \tag{3.14}$$

Der Faktor $x^q \neq 0$ auf der linken Seite dieser Gleichung kann weggelassen werden. Betrachten wir nun zunächst den Koeffizienten von $x^0$ in der so entstehenden Gleichung, welcher natürlich verschwinden muß:

$$x^0\colon\ q(q-1)\, \alpha_0 + q\alpha_0 - k^2 \alpha_0 = 0, \quad \text{d. h.} \quad q^2 = k^2.$$

Diese „charakteristische Gleichung" besitzt die Lösungen $q = \pm k$, wobei wir zuerst $q = +k$ auswählen. Gl. (3.14) geht dann nach leichter Rechnung über in

$$\sum_{n=1}^{\infty} [(n^2 + 2kn)\, \alpha_n + \alpha_{n-2}]\, x^n \equiv 0. \tag{3.15}$$

Der Koeffizientenvergleich für die Potenzen $x^n$ mit $n \geqq 1$ liefert:

$$(1 + 2k)\, \alpha_1 + \alpha_{-1} = 0 \quad \text{mit} \quad \alpha_{-1} = 0,$$

$$(2^2 + 2k \cdot 2)\, \alpha_2 + \alpha_0 = 0,$$

$$\vdots$$

$$(n^2 + 2kn)\, \alpha_n + \alpha_{n-2} = 0.$$

Da $\alpha_0$ frei wählbar ist, setzen wir $\alpha_0 = 1$ und erhalten damit

$$\alpha_1 = 0, \quad \alpha_2 = -\frac{1}{2(2 + 2k)}, \quad \alpha_3 = 0, \quad \alpha_4 = \frac{1}{2 \cdot 4\, (2k + 2)\, (2k + 4)},$$

allgemein

$$\alpha_{2r+1} = 0 \quad \text{für} \quad r = 1, 2, \ldots,$$

$$\alpha_{2r} = (-1)^r \frac{1}{2 \cdot 4 \cdots (2r - 2)\, (2r)\, (2 + 2k)\, (4 + 2k) \cdots (2r + 2k)} \quad \text{für } r = 0, 1, 2, \ldots$$

Wir erhalten ebenfalls Lösungen der Rekursionsformeln für die $\alpha_n$, wenn wir mit

$[2^k\Gamma(k+1)]^{-1}$ durchmultiplizieren (wir schreiben $\Gamma(k+1)$, da $k$ nach Definition nicht ganzzahlig und größer 0 sein muß). Das ergibt:

$$\begin{aligned}\bar{\alpha}_{2r} &= \frac{1}{2^k\Gamma(k+1)}\alpha_{2r}\\ &= \frac{(-1)^r}{2^k\Gamma(k+1)\cdot 2\cdot 4\cdots(2r-2)(2r)(2+2k)(4+2k)\cdots(2r+2k)}\\ &= \frac{(-1)^r}{2^k\Gamma(k+1)\cdot 2^r r!\cdot 2^r(1+k)(2+k)\cdots(r+k)}\\ &= \frac{(-1)^r}{2^{k+2r}r!\Gamma(r+k+1)}\end{aligned}$$

für $n$ gerade ($n = 2r$, $r = 0, 1, 2, \ldots$). Wir erhalten also die Lösung

$$J(x) = x^k\sum_{n=0}^{\infty}\bar{\alpha}_n x^n = x^k\sum_{r=0}^{\infty}\bar{\alpha}_{2r}x^{2r} = x^k\sum_{r=0}^{\infty}\frac{(-1)^r x^{2r}}{r!\Gamma(r+k+1)\,2^{2r+k}}$$

oder anders geschrieben

$$J(x) = \sum_{n=0}^{\infty}\frac{(-1)^n}{n!\Gamma(n+k+1)}\left(\frac{x}{2}\right)^{2n+k}. \tag{3.16}$$

Um die Abhängigkeit dieser Funktion $J(x)$ vom Parameter $k$ anzudeuten, schreiben wir nachfolgend

$$J_k(x) = \sum_{n=0}^{\infty}\frac{(-1)^n}{n!\Gamma(n+k+1)}\left(\frac{x}{2}\right)^{2n+k}. \tag{3.17}$$

Damit haben wir eine Lösung der Besselschen Differentialgleichung erhalten, die wir *Besselfunktion 1. Art* nennen. Für $q = -k$ ergibt sich ebenfalls eine Lösung der Besselschen Differentialgleichung.

*Aufgabe 3.1:* Man leite eine Lösung der Besselschen Differentialgleichung her, indem man in der charakteristischen Gleichung $q = -k$ setzt.

Die reelle Zahl, die sich bei der Separation der Differentialgleichung (3.7) ergeben hatte, machte es notwendig, für die Darstellung von $J(x)$ die Gammafunktion zu verwenden.

*Beispiel 3.1:* Ist speziell $k$ ganzzahlig, so wird

$$\Gamma(k+n+1) = (k+n)!.$$

Für $k = 0$ ergibt sich die recht einfache Potenzreihe

$$J_0(x) = \sum_{n=0}^{\infty}\frac{(-1)^n}{(n!)^2}\left(\frac{x}{2}\right)^{2n} \quad \text{mit} \quad J_0(0) = 1$$

und unendlichem Konvergenzradius. Andere Beziehungen, wie z. B. ein Vergleich von $J_k(x)$ und $J_{-k}(x)$ für ganzes $k$ werden später angegeben.

Es ist offenbar notwendig, sich zunächst die Eigenschaften der durch (3.17) erklärten Besselfunktionen 1. Art klarzumachen, wobei es erforderlich sein wird, auch andere Darstellungen dieser Funktionen zu finden. Hierzu ist es sachgemäß, die Variable $x$ komplex zu betrachten (wir schreiben dann dafür $z$) und den Fall reeller Variabler wieder, wie schon bei der Gammafunktion, als Spezialfall zu behandeln.

## 3.2. Zylinderfunktionen 1. Art, Besselsche Funktionen

### 3.2.1. Definition und Eigenschaften bei ganzzahligem Index

Es zeigt sich, daß man die gleichen Funktionen, die wir in 3.1. als Lösungen der Besselschen Differentialgleichung (3.16) erhalten hatten, auch gewinnt, wenn man eine in den komplexen Variablen $z$ und $t$ holomorphe Funktion $f(z, t)$ in eine Laurentreihe entwickelt. Deshalb nennen wir diese Funktion die erzeugende Funktion,

$$f(z, t) = e^{\frac{z}{2}\left(t-\frac{1}{t}\right)} \quad \text{für} \quad z, t \text{ komplex, endlich und } t \neq 0. \tag{3.18}$$

Wir entwickeln $f(z, t)$ in eine Laurentreihe mit $0 < |t| < \infty$ nach Potenzen von $t$. Dann gilt

$$f(z, t) = \sum_{k=-\infty}^{+\infty} J_k(z)\, t^k \tag{3.19}$$

mit

$$J_k(z) = \frac{1}{2\pi i} \oint_{0^+} t^{-k-1}\, e^{\frac{z}{2}\left(t-\frac{1}{t}\right)}\, dt. \tag{3.20}$$

Das Zeichen $\oint_{0^+}$ bedeutet, daß längs eines geschlossenen Weges, der den Nullpunkt enthält und mathematisch positiv durchlaufen wird, zu integrieren ist. Dieses Ergebnis folgt aus dem Entwicklungssatz für Funktionen in Laurentreihen (siehe Band 9). Wir bezeichnen die Entwicklungskoeffizienten wie in 3.1. mit $J_k(z)$ und nennen sie *Besselkoeffizienten* bzw. Besselfunktionen. Wir werden nun die durch das Integral in (3.20) erklärten Besselfunktionen durch eine Reihe darstellen, die mit (3.17) übereinstimmt, und damit zeigen, daß es gerechtfertigt ist, die durch (3.20) dargestellten Funktionen ebenfalls Besselfunktionen zu nennen. Hierzu verwenden wir die Substitution $u = \frac{z}{2} t$ und die Taylorreihe

$$e^{-\frac{z^2}{4u}} = \sum_{n=0}^{\infty} \frac{(-1)^n}{n!} \left(\frac{z^2}{4u}\right)^n \quad \text{für} \quad u \neq 0.$$

Dann gilt

$$\begin{aligned} J_k(z) &= \frac{1}{2\pi i} \left(\frac{z}{2}\right)^k \oint_{0^+} u^{-k-1}\, e^{u-\frac{z^2}{4u}}\, du \\ &= \frac{1}{2\pi i} \left(\frac{z}{2}\right)^k \oint_{0^+} u^{-k-1}\, e^u \sum_{n=0}^{\infty} \frac{(-1)^n}{n!} \left(\frac{z^2}{4u}\right)^n du. \end{aligned} \tag{3.20'}$$

Da Integrations- und Summationsreihenfolge vertauschbar sind, gilt

$$J_k(z) = \frac{1}{2\pi i} \sum_{n=0}^{\infty} \frac{(-1)^n}{n!} \left(\frac{z}{2}\right)^{2n+k} \oint_{0^+} u^{-k-n-1}\, e^u\, du.$$

Nach dem Residuensatz können wir das Integral über den geschlossenen, den Nullpunkt einschließenden Weg ausrechnen:

$$\oint_{0^+} u^{-k-n-1}\, e^u\, du = 2\pi i \operatorname{Res}(e^u u^{-k-n-1})|_{u=0} = 2\pi i \begin{cases} \dfrac{1}{(k+n)!}, & k+n \geqq 0, \\ 0, & k+n < 0. \end{cases}$$

Für $k + n < 0$ tritt die $(-1)$-te Potenz in der Laurententwicklung von $e^u u^{-k-n-1}$ nicht auf. $k + n \geqq 0$ heißt, da $n = 0, 1, 2, \ldots$ ist, $k \geqq 0$, und wir erhalten für diesen Fall

$$J_k(z) = \sum_{n=0}^{\infty} \frac{(-1)^n}{n!} \frac{\left(\frac{z}{2}\right)^{2n+k}}{(k+n)!}, \quad k = 0, 1, 2, \ldots \tag{3.21}$$

Da die unendliche Reihe in (3.21) für $|z| < \infty$ konvergiert, sind die $J_k(z)$ ganze (genauer: ganze transzendente) Funktionen von $z$.

Für negative $k$, wir setzen $k = -k'$, bedeutet $-k' + n < 0 \quad n < k'$, d. h., für $n < k'$ sind die Residuen von $e^u u^{k-n-1}$ gleich 0. Deshalb gilt in diesem Falle

$$J_{-k}(z) = \sum_{n=k}^{\infty} \frac{(-1)^n}{n!} \frac{\left(\frac{z}{2}\right)^{2n-k}}{(n-k)!}.$$

Führen wir die Indextransformation $m = n - k$ ein, so ergibt sich hieraus

$$J_{-k}(z) = \sum_{m=0}^{\infty} \frac{(-1)^{m+k}}{m!(m+k)!} \left(\frac{z}{2}\right)^{2m+k} = (-1)^k J_k(z), \quad k = 1, 2, \ldots \tag{3.22}$$

*Aufgabe 3.2:* Man beweise die Konvergenz der Potenzreihe in (3.21).

Mit Hilfe (3.21) und (3.22) haben wir also die Besselfunktionen $J_k(z)$ für ganzes $k$ durch Potenzreihen dargestellt. Wegen der Konvergenz dieser Reihen für $|z| < \infty$ besitzen die $J_k(z)$ in der endlichen $z$-Ebene keine Singularitäten, sind holomorph und besitzen bei $\infty$ eine wesentliche Singularität. Vergleichen wir (3.21) und (3.17), so sehen wir, daß (3.21) mit (3.17) identisch ist, wenn man $k = 0, 1, 2, \ldots$ wählt, da dann $\Gamma(n + k + 1) = (n + k)!$ ist, und wenn man außerdem $z = x + iy$ mit $y = 0$ setzt. Wir haben also durch unsere Betrachtungen in diesem Abschnitt (Entwicklung einer erzeugenden Funktion in eine Laurentreihe) die gleichen Funktionen erhalten, die sich auch als Lösung der Differentialgleichung (3.16) ergeben.

Wir wollen nun zeigen, daß Integraldarstellungen, wie (3.20'), Vorteile besitzen, wenn man nachweisen will, daß sie Lösungen einer Differentialgleichung darstellen. Natürlich wissen wir wegen der Übereinstimmung des Integrals in (3.20') mit der Potenzreihe (3.21) bereits, daß dieses Integral eine Lösung der Besselschen Differentialgleichung darstellt. Wir betrachten zu diesem Zwecke die Differentialgleichung (3.12) im Komplexen und ersetzen $x$ durch $z$ ($z$ komplex) und $J(x)$ durch eine komplexwertige Funktion $y(z)$. Dann besitzt die Besselsche Differentialgleichung die Form

$$y''(z) + \frac{1}{z} y'(z) + \left(1 - \frac{k^2}{z^2}\right) y(z) = 0, \tag{3.23}$$

wobei der Strich die komplexe Ableitung bedeutet.

*Beispiel 3.2:* Wir zeigen, daß

$$J_k(z) = \frac{1}{2\pi i}\left(\frac{z}{2}\right)^k \oint\limits_{0^+} u^{-k-1} e^{u - \frac{z^2}{4u}} du \tag{3.20'}$$

Lösung dieser Differentialgleichung ist. Durch elementare Rechnungen zeigt man, daß

$$J_k'(z) = \frac{1}{2\pi i}\frac{k}{2}\left(\frac{z}{2}\right)^{k-1} \oint\limits_{0^+} u^{-k-1} e^{u - \frac{z^2}{4u}} du - \frac{1}{2\pi i}\left(\frac{z}{2}\right)^{k+1} \oint\limits_{0^+} u^{-k-1} e^{u - \frac{z^2}{4u}} \frac{1}{u} du,$$

$$\begin{aligned} J_k''(z) = {} & \frac{1}{2\pi i}\frac{k}{2}\frac{k-1}{2}\left(\frac{z}{2}\right)^{k-2} \oint\limits_{0^+} u^{-k-1} e^{u - \frac{z^2}{4u}} du \\ & - \frac{1}{2\pi i}\frac{k}{2}\left(\frac{z}{2}\right)^k \oint\limits_{0^+} u^{-k-1} e^{u - \frac{z^2}{4u}} \frac{1}{u} du \\ & - \frac{1}{2\pi i}\frac{k+1}{2}\left(\frac{z}{2}\right)^k \oint\limits_{0^+} u^{-k-1} e^{u - \frac{z^2}{4u}} \frac{1}{u} du \\ & + \frac{1}{2\pi i}\left(\frac{z}{2}\right)^{k+2} \oint\limits_{0^+} u^{-k-1} e^{u - \frac{z^2}{4u}} \frac{1}{u^2} du \end{aligned}$$

gilt. Setzt man diese Beziehungen für $y(z)$ in die Differentialgleichung (3.23) ein, so ergibt sich:

$$\begin{aligned} & \frac{1}{2\pi i}\left(\frac{z}{2}\right)^k \oint\limits_{0^+} u^{-k-1}\left\{1 - \frac{k+1}{u} + \frac{z^2}{4u^2}\right\} e^{u - \frac{z^2}{4u}} du \\ & = \frac{1}{2\pi i}\left(\frac{z}{2}\right)^k \oint\limits_{0^+} \frac{d}{du}\left\{u^{-k-1} e^{u - \frac{z^2}{4u}}\right\} du = 0. \end{aligned} \tag{3.24}$$

Das Integral ist null, da der Ausdruck $u^{-k-1} e^{u - \frac{z^2}{4u}}$ eindeutig ist.

Mit diesem Beweis haben wir ein Beispiel dafür, wie man Kurvenintegrale als Lösungen von Differentialgleichungen nachweist. Wie man sieht, ist hierbei die komplexe Behandlung ganz entscheidend.

Einige weitere Eigenschaften der Besselschen Funktionen für $z = x$ reell erkennen wir sofort aus der Reihendarstellung (3.21)

$$J_k(x) = \sum_{n=0}^{\infty} \frac{(-1)^n}{n!} \frac{\left(\frac{x}{2}\right)^{2n+k}}{(n+k)!}, \quad k = 0, 1, 2, \ldots$$

Für $k = 1, 2, \ldots$ gilt nämlich $J_k(0) = 0$. Weiterhin gilt für die gerade Funktion $J_0(x)$: $J_0(0) = 1$. Wegen der umfangreichen Anwendungsmöglichkeiten hat man die Funktionen $J_k(x)$ tabelliert. Siehe hierzu [1]. Wir geben hierzu als Beispiel eine Wertetabelle (Tabelle 3.1) und Funktionsskizze (Bild 3.2) für $J_k(x)$, $k = 0, 1, 2, 3,$ an.

Tabelle 3.1. Die Besselfunktionen $J_k(x)$, $k = 0, 1, 2, 3$; $x$ reell

| $x$ | $J_0(x)$ | $J_1(x)$ | $J_2(x)$ | $J_3(x)$ |
|---|---|---|---|---|
| 0 | 1,0000 | 0,0000 | 0,0000 | 0,0000 |
| 1 | 0,7652 | 0,4401 | 0,1149 | 0,0196 |
| 2 | 0,2239 | 0,5767 | 0,3528 | 0,1289 |
| 3 | −0,2601 | 0,3391 | 0,4861 | 0,3091 |
| 4 | −0,3971 | −0,0660 | 0,3641 | 0,4302 |
| 5 | −0,1776 | −0,3276 | 0,0466 | 0,3648 |
| 6 | 0,1506 | −0,2767 | −0,2429 | 0,1148 |
| 7 | 0,3001 | −0,0047 | −0,3014 | −0,1676 |
| 8 | 0,1717 | 0,2346 | −0,1130 | −0,2911 |
| 9 | −0,0903 | 0,2453 | 0,1448 | −0,1809 |
| 10 | −0,2459 | 0,0435 | 0,2546 | 0,0584 |

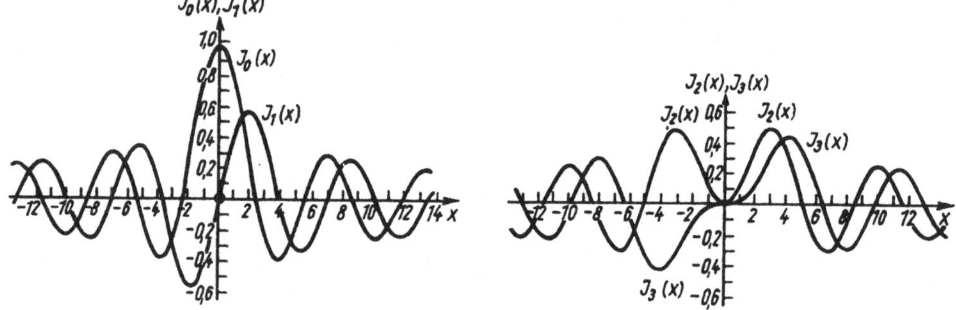


Bild 3.2. Die Besselfunktionen $J_0(x)$, $J_1(x)$, $J_2(x)$, $J_3(x)$, $x$ reell

Eine weitere wichtige Eigenschaft ist ein Additionstheorem für Besselfunktionen. Hierzu setzen wir $z$ wiederum komplex voraus und betrachten die erzeugende Funktion $e^{(z_1+z_2)\left(t-\frac{1}{t}\right)}$ der Besselfunktion $J_k(z_1 + z_2)$. Wegen

$$e^{(z_1+z_2)\left(t-\frac{1}{t}\right)} = e^{z_1\left(t-\frac{1}{t}\right)}\, e^{z_2\left(t-\frac{1}{t}\right)}$$

gilt auch für die entsprechenden Laurentreihen

$$\sum_{k=-\infty}^{+\infty} J_k(z_1 + z_2)\, t^k = \left(\sum_{\nu=-\infty}^{+\infty} J_\nu(z_1)\, t^\nu\right)\left(\sum_{\mu=-\infty}^{+\infty} J_\mu(z_2)\, t^\mu\right)$$

Multiplizieren wir die Reihen auf der rechten Seite dieser Gleichung, so können wir weiter schreiben

$$\sum_{k=-\infty}^{+\infty}\left(\sum_{\nu+\mu=k} J_\nu(z_1)\, J_\mu(z_2)\right) t^k .$$

Durch Koeffizientenvergleich folgt hieraus das Additionstheorem

$$J_k(z_1 + z_2) = \sum_{\substack{\nu+\mu=k \\ \nu,\mu=-\infty}}^{+\infty} J_\nu(z_1)\, J_\mu(z_2). \tag{3.25}$$

In dieser Formel sind eine Reihe interessanter Spezialfälle enthalten, die uns auch wieder zu Eigenschaften führen, die wir bereits in den obigen Bildern gesehen haben. Setzen wir $z_1 = -z_2 = z$ und $k = 0$. Dann folgt aus (3.25)

$$\begin{aligned} J_0(0) = 1 &= J_0(z)\, J_0(-z) + \sum_{\nu=1}^{\infty} [J_{-\nu}(z)\, J_\nu(-z) + J_\nu(z)\, J_{-\nu}(-z)] \\ &= J_0(z)\, J_0(-z) + (J_{-1}(z) J_{+1}(-z) + J_1(z)\, J_{-1}(-z)) + \cdots. \end{aligned}$$

Wegen $J_k(z) = (-1)^k J_k(-z)$ und (3.22) folgt $J_0(0) = 1 = J_0^2(z) + 2J_1^2(z) + 2J_2^2(z) + \cdots$.

Indem wir $z = x$ reell setzen, folgen hieraus insbesondere die einfachen Abschätzungen

$$|J_0(x)| \leqq 1 \quad \text{und} \quad |J_k(x)| \leqq \frac{\sqrt{2}}{2}, \quad k = \pm 1, \pm 2, \ldots$$

### 3.2.2. Darstellung der Besselschen Funktionen mit ganzzahligem Index durch trigonometrische Integrale

Wir betrachten die Laurentreihe (3.19) der erzeugenden Funktion

$$e^{\frac{z}{2}\left(t-\frac{1}{t}\right)} = \sum_{k=-\infty}^{+\infty} J_k(z)\, t^k. \tag{3.26}$$

Setzen wir $t = e^{i\varphi}$, d. h. $|t| = 1$, so ergibt sich hieraus

$$e^{iz\sin\varphi} = \sum_{k=-\infty}^{+\infty} J_k(z)\, e^{ik\varphi}. \tag{3.27}$$

Sind $z$ und $\varphi$ reell und trennt man in (3.27) Real- und Imaginärteil, so erhält man

$$\cos(z \sin\varphi) = J_0(z) + \sum_{k=1}^{\infty} J_k(z) \cos k\varphi + \sum_{k=-1}^{-\infty} J_k(z) \cos k\varphi, \tag{3.28}$$

$$\sin(z \sin\varphi) = \sum_{k=1}^{\infty} J_k(z) \sin k\varphi + \sum_{k=-1}^{-\infty} J_k(z) \sin k\varphi. \tag{3.29}$$

Wegen (3.22) können wir schreiben

$$\begin{aligned} \cos(z \sin\varphi) &= J_0(z) + 2 \sum_{k=1}^{\infty} J_{2k}(z) \cos 2k\varphi, \\ \sin(z \sin\varphi) &= 2 \sum_{k=1}^{\infty} J_{2k-1}(z) \sin((2k-1)\varphi). \end{aligned} \tag{3.30}$$

Diese Formeln enthalten einige interessante Spezialfälle.

*Beispiel 3.3:* Wählt man $\varphi = 0$, so entsteht

$$1 = J_0(z) + 2 \sum_{k=1}^{\infty} J_{2k}(z).$$

Für $\varphi = \frac{\pi}{2}$ erhält man Darstellungen der trigonometrischen Funktionen sin $z$, cos $z$ als Reihen von Besselfunktionen

$$\begin{aligned} \cos z &= J_0(z) + 2\sum_{k=1}^{\infty} (-1)^k J_{2k}(z), \\ \sin z &= -2\sum_{k=1}^{\infty} (-1)^k J_{2k-1}(z). \end{aligned} \tag{3.30'}$$

Ersetzt man schließlich in (3.30) $\varphi$ durch $\frac{\pi}{2} - \varphi$, so erhält man

$$\begin{aligned} \cos(z\cos\varphi) &= J_0(z) + 2\sum_{k=1}^{\infty} (-1)^k J_{2k}(z)\cos 2k\varphi, \\ \sin(z\cos\varphi) &= -2\sum_{k=1}^{\infty} (-1)^k J_{2k-1}(z)\cos(2k-1)\varphi. \end{aligned} \tag{3.30''}$$

Die Formeln (3.30) sind aber gerade die Formeln für die Entwicklung einer Funktion in eine Fourierreihe. Die Besselschen Funktionen erweisen sich daher auch als spezielle Fourierkoeffizienten, für die man nach den allgemeinen Eulerschen Formeln über Fourierkoeffizienten folgende Integraldarstellung erhält:

$$\begin{aligned} J_{2k}(z) &= \frac{1}{\pi}\int_0^{\pi} \cos(z\sin\varphi)\cos 2k\varphi\, d\varphi, \quad k = 0, 1, 2, \ldots, \\ J_{2k-1}(z) &= \frac{1}{\pi}\int_0^{\pi} \sin(z\sin\varphi)\sin(2k-1)\varphi\, d\varphi, \quad k = 1, 2, \ldots \end{aligned} \tag{3.31}$$

Weiterhin erhält man durch die Fourieranalyse die Integralbeziehungen

$$\begin{aligned} &\frac{1}{\pi}\int_0^{\pi} \cos(z\sin\varphi)\cos(2k-1)\varphi\, d\varphi \\ &= \frac{1}{\pi}\int_0^{\pi} \sin(z\sin\varphi)\sin(2k-1)\varphi\, d\varphi = 0. \end{aligned} \tag{3.32}$$

Die Formeln (3.31) haben den Nachteil, daß man die Besselfunktionen mit geradem und ungeradem Index jeweils durch eine andere Formel darstellt. Wir nehmen deshalb jetzt eine Vereinigung beider Formeln (3.31) vor.

Wir betrachten

$$\begin{aligned} \frac{1}{\pi}\int_0^{\pi} \cos(k\varphi - z\sin\varphi)\, d\varphi &= \frac{1}{\pi}\int_0^{\pi} \cos(z\sin\varphi)\cos k\varphi\, d\varphi \\ &+ \frac{1}{\pi}\int_0^{\pi} \sin(z\sin\varphi)\sin k\varphi\, d\varphi. \end{aligned} \tag{3.33}$$

Für gerades $k$ ist der erste Summand auf der rechten Seite von (3.33) gleich $J_k(z)$, der zweite wegen (3.32) gleich 0. Für ungerades $k$ dagegen ergibt der zweite Summand $J_k(z)$, während der erste verschwindet. Deshalb gilt für jedes $k = 0, 1, 2, \ldots$

$$J_k(z) = \frac{1}{\pi} \int_0^{\pi} \cos(k\varphi - z \sin\varphi)\, \mathrm{d}\varphi. \tag{3.34}$$

Wir haben die Integraldarstellung (3.34) für reelles $z$ bewiesen. Auf Grund der Holomorphie des durch (3.34) dargestellten Integrals in $z$ gilt diese Darstellung nach dem Prinzip der analytischen Fortsetzung für alle endlichen $z$. Da der Integrand eine gerade Funktion ist, haben wir somit für endliches $z$ die folgende Integraldarstellung gewonnen:

$$J_k(z) = \frac{1}{2\pi} \int_{-\pi}^{+\pi} \cos(k\varphi - z \sin\varphi)\, \mathrm{d}\varphi = \frac{1}{2\pi} \int_{-\pi}^{+\pi} \mathrm{e}^{\mathrm{i}(k\varphi - z\sin\varphi)}\, \mathrm{d}\varphi. \tag{3.34'}$$

Vorwegnehmend sei hier bereits bemerkt, daß die Formel (3.34') für nicht ganzes $k$ falsch ist.

### 3.2.3. Definition und grundlegende Eigenschaften der Besselfunktionen bei beliebigem komplexem Index

In 3.1., wo wir die speziellen Besselfunktionen (3.17) als Lösungen der Differentialgleichung (3.12) einführten, war der Index $k$ nicht notwendig ganzzahlig. Also reicht unsere bisherige Behandlung des ganzzahligen Falles zur Lösung physikalischer bzw. technischer Probleme nicht aus. Die Gleichung (3.17) definiert uns Besselfunktionen $J_k(x)$ für beliebige komplexe $k$, da wir die Gammafunktion für komplexe Argumente kennen.

Wir zeigen hier die Ausdehnung der Definition der Besselfunktion auf beliebige komplexe Indizes $k$ ausgehend vom Kurvenintegral (3.20')

$$J_k(z) = \frac{1}{2\pi\mathrm{i}} \left(\frac{z}{2}\right)^k \oint_{0^+} u^{-k-1}\, \mathrm{e}^{u - \frac{z^2}{4u}}\, \mathrm{d}u. \tag{3.35}$$

Wenn $k$ nicht notwendig ganzzahlig ist, werden wir nachfolgend $\nu$ ($\nu$ beliebig, komplex) anstelle von $k$ schreiben. Der Integrand von (3.35) wird für $k = \nu$ (nicht ganzzahlig) mehrdeutig. Wir schneiden deshalb die $u$ Ebene entlang der negativen reellen Achse auf und setzen $|\operatorname{arc} u| \leqq \pi$. Als Integrationsweg $\mathfrak{C}$ wählen wir einen Weg der aus dem Unendlichen kommend den Nullpunkt positiv umläuft, Bild 3.3, und setzen schließlich für arc $z$ den Hauptwert. Ist speziell $\nu$ ganzzahlig, so kann der Schnitt wieder wegfallen und der Weg $\mathfrak{C}$ auf einen Kreis um den Nullpunkt zusammengezogen werden (Cauchyscher Integralsatz).

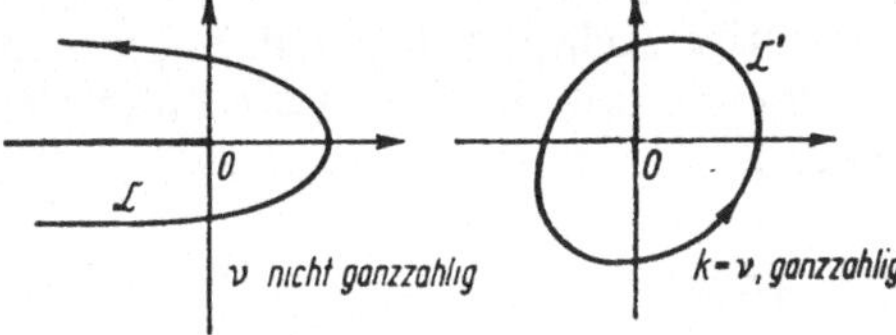


Bild 3.3. Integrationswege

Folgerichtig definieren wir deshalb die Besselfunktionen mit nicht notwendig ganzzahligem Index

$$J_\nu(z) = \frac{1}{2\pi i}\left(\frac{z}{2}\right)^\nu \int\limits_{-\infty}^{(0^+)} u^{-\nu-1}\, e^{u-\frac{z^2}{4u}}\, du \qquad (z, \nu \text{ komplex}). \tag{3.36}$$

(Für das Integral $\int\limits_{\mathfrak{C}} \ldots du$ wird hier die gebräuchliche Symbolik $\int\limits_{-\infty}^{(0^+)} \ldots du$ verwendet.)

Wie in 3.2.1. stellen wir diese Funktion als Potenzreihe dar, wobei wir uns hier bei entsprechenden Schritten kürzer fassen. Es ist

$$J_\nu(z) = \frac{1}{2\pi i}\left(\frac{z}{2}\right)^\nu \sum_{n=0}^{\infty} \frac{(-1)^n \left(\frac{z}{2}\right)^{2n}}{n!} \int\limits_{-\infty}^{(0^+)} u^{-\nu-n-1}\, e^u\, du. \tag{3.37}$$

Nach (2.14) gilt

$$\frac{1}{\Gamma(z)} = \frac{i}{2\pi} \int\limits_{\infty}^{(0^+)} (-t)^{-z}\, e^{-t}\, dt.$$

Deshalb wird

$$\int\limits_{-\infty}^{(0^+)} u^{-\nu-n-1}\, e^u\, du = -\int\limits_{\infty}^{(0^+)} (-t)^{-\nu-n-1}\, e^{-t}\, dt = \frac{2\pi i}{\Gamma(\nu+n+1)}, \tag{3.38}$$

und damit gilt

$$J_\nu(z) = \sum_{n=0}^{\infty} \frac{(-1)^n \left(\frac{z}{2}\right)^{2n+\nu}}{n!\,\Gamma(\nu+n+1)}. \tag{3.39}$$

Da diese Reihe für $|z| < \infty$ für beliebige $\nu$ konvergiert, erweist sich die Funktion $z^{-\nu}J_\nu(z)$ als eine ganze transzendente Funktion von $z$ für beliebige komplexe $\nu$. Für $\nu$ ganzzahlig ist die in 3.2.1., 3.2.2. behandelte Besselfunktion mit ganzzahligem Index in den Formeln (3.36) und (3.39) jeweils als Spezialfall enthalten.

Wir bemerken bereits an dieser Stelle, daß die oben eingeführten $J_\nu(z)$ auch für beliebige komplexe $\nu$ Lösungen der Besselschen Differentialgleichung sind. Für nicht ganzzahliges $\nu$ sind die Besselfunktionen $J_\nu(z)$, $J_{-\nu}(z)$ zwei linear unabhängige Lösungen und bilden somit ein Fundamentalsystem von Lösungen für diese Differentialgleichung. Im Falle $\nu = k$, ganzzahlig, muß man nach weiteren Lösungen suchen (vgl. 3.3.1.).

Nachfolgend entwickeln wir einige wichtige Relationen (auch Rekursionsformeln genannt) zwischen Besselfunktionen, wobei wir zum Nachweis die Potenzreihe (3.39) benutzen. Wir bilden ausgehend von (3.39)

$$\frac{J_\nu(z)}{z^\nu} = \sum_{n=0}^{\infty} \frac{(-1)^n}{n!\,\Gamma(\nu+n+1)} \frac{z^{2n}}{2^{2n+\nu}}. \tag{3.40}$$

Bekanntlich ist die auf der rechten Seite von (3.40) stehende Potenzreihe mit

$|z| < \infty$ beliebig oft gliedweise differenzierbar, wobei jede Ableitung wiederum für $|z| < \infty$ konvergiert. Wir bilden

$$\begin{aligned}\frac{\mathrm{d}}{\mathrm{d}z}\left(\frac{J_\nu(z)}{z^\nu}\right) &= \sum_{n=1}^{\infty} \frac{(-1)^n\, 2n}{n!\,\Gamma(\nu+n+1)} \frac{z^{2n-1}}{2^{2n+\nu}} \\ &= \sum_{l=0}^{\infty} \frac{(-1)^{l+1}\, 2(l+1)}{(l+1)!\,\Gamma(\nu+l+2)} \frac{z^{2l+1}}{2^{2l+\nu+2}} \\ &= -\frac{1}{z^\nu} \sum_{n=0}^{\infty} \frac{(-1)^n \left(\frac{z}{2}\right)^{2n+\nu+1}}{n!\,\Gamma(\nu+1+n+1)} = -\frac{1}{z^\nu} J_{\nu+1}(z).\end{aligned}$$

Wir erhalten also

$$J_\nu'(z) = -J_{\nu+1}(z) + \frac{\nu J_\nu(z)}{z}. \tag{3.41}$$

Entsprechend findet man, wenn man $z^\nu J_\nu(z)$ nach $z$ differenziert,

$$\frac{\mathrm{d}}{\mathrm{d}z}(z^\nu J_\nu(z)) = z^\nu J_{\nu-1}(z) \quad \text{bzw.} \quad J_\nu'(z) = J_{\nu-1}(z) - \frac{\nu J_\nu(z)}{z}. \tag{3.42}$$

Durch Addition von (3.41) und (3.42) folgt

$$J_\nu'(z) = \tfrac{1}{2}(J_{\nu-1}(z) - J_{\nu+1}(z)), \tag{3.43}$$

und durch Gleichsetzen der beiden rechten Seiten von (3.41), (3.42) erhalten wir

$$\frac{2\nu J_\nu(z)}{z} = J_{\nu-1}(z) + J_{\nu+1}(z). \tag{3.44}$$

*Aufgabe 3.3:* a) Man beweise die Formeln (3.42)!
b) Man zeige die Gültigkeit von

$$z^{-\nu-m} J_{\nu+m}(z) = (-1)^m \frac{\mathrm{d}^m}{z^m\, \mathrm{d}z^m} (z^{-\nu} J_\nu(z)) \tag{3.45}$$

für ganzzahliges $m$.

Dies sind einige einer großen Anzahl von Funktionalgleichungen (Rekursionsformeln) für Besselfunktionen. Sie genügen, um einen wichtigen Spezialfall zu behandeln. Die Besselfunktionen, deren Index $\nu$ gleich der Hälfte einer ungeraden Zahl ist, können durch elementare Funktionen ausgedrückt werden,

$$\nu = \pm \frac{2m+1}{2}, \quad m = 0, 1, 2, \ldots$$

Nach (3.39) ist

$$J_{\frac{1}{2}}(z) = \sum_{n=0}^{\infty} \frac{(-1)^n}{n!\,\Gamma(n+\frac{3}{2})} \left(\frac{z}{2}\right)^{\frac{1}{2}+2n}. \tag{3.46}$$

Wegen (2.13') können wir $\Gamma(n+\frac{3}{2})$ als Produkt entwickeln und erhalten

$$\begin{aligned}J_{\frac{1}{2}}(z) &= \sum_{n=0}^{\infty} \frac{(-1)^n}{n! \cdot 2^n \cdot 1 \cdot 3 \cdots (2n+1)\sqrt{\pi}} \frac{z^{\frac{1}{2}+2n}}{2^{-\frac{1}{2}}} \\ &= \sqrt{\frac{2}{\pi z}} \sum_{n=0}^{\infty} \frac{(-1)^n z^{2n+1}}{(2n+1)!} \\ &= \sqrt{\frac{2}{\pi z}} \sin z.\end{aligned} \tag{3.47}$$

*Aufgabe 3.4:* a) Durch mehrfache Anwendung der Beziehung (3.41) beweise man:

$$J_{\frac{2m+1}{2}}(z) = (-1)^m \sqrt{\frac{2}{\pi}}\, z^{\frac{2m+1}{2}} \frac{d^m}{z^m dz^m}\left(\frac{\sin z}{z}\right), \quad m = 0, 1, 2, \ldots \tag{3.48}$$

b) Man zeige:

$$J_{-\frac{1}{2}}(z) = \sqrt{\frac{2}{\pi z}} \cos z, \tag{3.49}$$

$$J_{-\frac{2m+1}{2}}(z) = \sqrt{\frac{2}{\pi}}\, z^{\frac{2m+1}{2}} \frac{d^m}{z^m dz^m}\left(\frac{\cos z}{z}\right). \tag{3.50}$$

### 3.2.4. Weitere Integraldarstellungen für Besselfunktionen mit beliebigem Index

Wir stellen in diesem Abschnitt einige weitere Integraldarstellungen der Besselfunktionen mit beliebigem Index zusammen, ohne auf Beweise einzugehen.

*Integraldarstellung von Schläfli (1871).* Für $\mathrm{Re}(z) > 0$ und beliebigen Index $\nu$ gilt

$$J_\nu(z) = \frac{1}{\pi}\int_0^\pi \cos(\varphi\nu - z\sin\varphi)\, d\varphi + \frac{\sin(\nu+1)\pi}{\pi}\int_0^\infty e^{-\nu\psi - z\sinh\psi}\, d\psi. \tag{3.51}$$

Ist $\nu$ ganzzahlig, so fällt der zweite Term in (3.51) weg, und es entsteht die Besselsche Integraldarstellung (3.34). Ist $\mathrm{Re}(z) < 0$, so benutzen wir die mit Hilfe von (3.36) leicht einzusehende Beziehung

$$J_\nu(z) = \begin{cases} e^{\nu\pi i} J_\nu(-z) & \text{für} \quad \frac{\pi}{2} < \mathrm{arc}(z) \leqq \pi, \\ e^{-\nu\pi i} J_\nu(z) & \text{für} \quad -\pi < \mathrm{arc}(z) < -\frac{\pi}{2}, \end{cases} \tag{3.52}$$

so daß wir auch in diesem Fall die Darstellung (3.51) verwenden können. Demzufolge steht nur für rein imaginäres $z$, $\mathrm{arc}(z) = \frac{\pi}{2}$ oder $\mathrm{arc}(z) = -\frac{\pi}{2}$ keine Integraldarstellung der Form (3.51) zur Verfügung.

Weiterhin ist die von *Hankel* (1869) gefundene Integraldarstellung der Besselfunktionen $J_\nu(z)$ von Bedeutung:

$$J_\nu(z) = \frac{\Gamma\left(\frac{1}{2}-\nu\right)\left(\frac{z}{2}\right)^\nu}{2\pi i\, \Gamma\left(\frac{1}{2}\right)} \int_{(A>0)}^{(1^+,-1^-)} (t^2-1)^{\nu-\frac{1}{2}} \cos(zt)\, dt \tag{3.53}$$

für $\nu \neq \frac{1}{2} + k$, $k = 0, 1, 2, \ldots$ Der Integrationsweg ist in Bild 3.4 dargestellt. Für die gleichen Werte von $\nu$ gilt

$$J_\nu(z) = \frac{\Gamma\left(\frac{1}{2}-\nu\right)\left(\frac{z}{2}\right)^\nu}{2\pi i\, \Gamma\left(\frac{1}{2}\right)} \int_{(A>0)}^{(1^+,-1^-)} (t^2-1)^{\nu-\frac{1}{2}} e^{izt}\, dt. \tag{3.54}$$

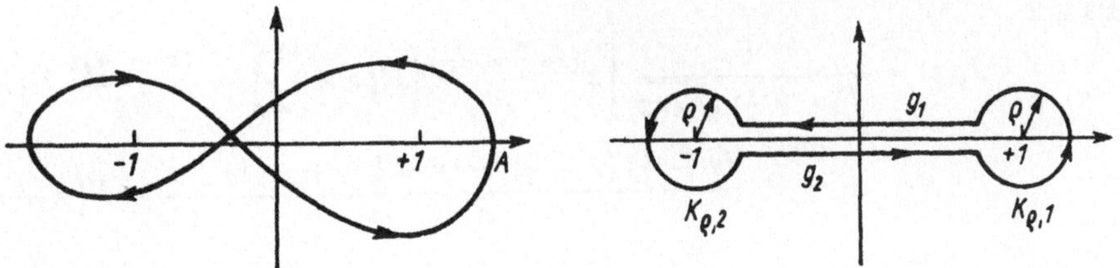


Bild 3.4. Integrationswege zur Hankelschen Integraldarstellung

### 3.2.5. Asymptotisches Verhalten der Besselschen Funktionen

Das asymptotische Verhalten einer Funktion ist sowohl für mathematische Untersuchungen als auch für naturwissenschaftlich technische Anwendungen dieser Funktionen äußerst wichtig. Wir können hier keine systematische Behandlung zur Herleitung asymptotischer Aussagen von Funktionen, wofür insbesondere die Integraldarstellungen wichtig sind, durchführen und verweisen diesbezüglich auf [1, 10, 11].

Zunächst betrachten wir das asymptotische Verhalten der Besselfunktionen für kleine $|z|$. Für komplexe $z$, $z \neq \infty$, gilt die Potenzreihenentwicklung (3.39):

$$J_\nu(z) = \sum_{n=0}^{\infty} \frac{(-1)^n \left(\frac{z}{2}\right)^{2n+\nu}}{n!\,\Gamma(\nu+n+1)} = \left(\frac{z}{2}\right)^\nu \left[\frac{1}{\Gamma(\nu+1)} + \sum_{n=1}^{\infty} \frac{(-1)^n \left(\frac{z}{2}\right)^{2n}}{n!\,\Gamma(\nu+n+1)}\right]. \tag{3.55}$$

Wir wollen diese Aussage nun vergröbern, indem wir nur noch das Verhalten des Ausdrucks

$$\begin{aligned}\sum_{n=1}^{\infty} \frac{(-1)^n \left(\frac{z}{2}\right)^{2n}}{n!\,\Gamma(\nu+n+1)} &= \left(\frac{z}{2}\right)^2 \sum_{n=1}^{\infty} \frac{(-1)^n \left(\frac{z}{2}\right)^{2(n-1)}}{n!\,\Gamma(n+\nu+1)} \\ &= \left(\frac{z}{2}\right)^2 \sum_{\mu=0}^{\infty} \frac{(-1)^{\mu+1} \left(\frac{z}{2}\right)^{2\mu}}{(\mu+1)!\,\Gamma(\nu+\mu+2)}\end{aligned} \tag{3.56}$$

für kleine $|z|$ untersuchen. Da diese Reihe auf der rechten Seite von (3.56) ebenfalls für endliche $z$ konvergiert, stellt die rechte Seite von (3.56) ein $O(z^2)$ bzw. $o(z)$ für $|z| \to 0$ dar. $J_\nu(z)$ besitzt demzufolge für $|z| \to 0$ das asymptotische Verhalten

$$J_\nu(z) = \frac{z^\nu}{2^\nu \Gamma(\nu+1)} [1 + O(z^2)]$$

bzw. (3.57)

$$J_\nu(z) = \frac{z^\nu}{2^\nu \Gamma(\nu+1)} [1 + o(z)] \quad \text{für} \quad |z| \to 0.$$

Selbstverständlich kann man diese Formeln noch verbessern, indem man weitere Glieder der Taylorreihe (3.55) verwendet.

Von besonderem Interesse ist das Verhalten von $J_\nu(z)$ für $|z| \to \infty$.

Es gilt

$$J_\nu(z) = \frac{1}{\Gamma(\nu+\frac{1}{2})\sqrt{2\pi z}}\left[e^{i(z-\frac{\pi}{2}\nu-\frac{\pi}{4})}\left[\Gamma\left(\nu+\frac{1}{2}\right)+\frac{(\nu-\frac{1}{2})i}{2z}\Gamma\left(\nu+\frac{3}{2}\right)\right.\right.$$
$$+\cdots+\frac{(\nu-\frac{1}{2})(\nu-\frac{3}{2})\cdots(\nu-\frac{1}{2}-n+1)}{n!}\frac{i^n}{(2z)^n}\Gamma\left(\nu+n+\frac{1}{2}\right)$$
$$\left.+O(z^{-n-1})\right]+e^{-i(z-\frac{\pi}{2}\nu-\frac{\pi}{4})}\left[\Gamma\left(\nu+\frac{1}{2}\right)+\frac{(\nu-\frac{1}{2})(-i)}{2z}\Gamma\left(\nu+\frac{3}{2}\right)\right.$$
$$+\cdots+\frac{(\nu-\frac{1}{2})(\nu-\frac{3}{2})\cdots(\nu-\frac{1}{2}-n+1)}{n!}\frac{(-i)^n}{(2z)^n}\Gamma\left(\nu+n+\frac{1}{2}\right)$$
$$\left.\left.+O(z^{-n-1})\right]\right] \tag{3.58}$$

für $|z| > 1$, $\operatorname{Re}(z) > 0$, $|\operatorname{arc} z| < \frac{\pi}{2}$, $\operatorname{Re}(\nu) > -\frac{1}{2}$.

Für viele Untersuchungen ist es zweckmäßig, diese Formel umzuschreiben, indem man die Summen und die Exponentialfunktionen anders schreibt.

$$J_\nu(z) = \frac{1}{\Gamma(\nu+\frac{1}{2})\sqrt{2\pi z}}\left[\left[\cos\left(z-\frac{\pi}{2}\nu-\frac{\pi}{4}\right)+i\sin\left(z-\frac{\pi}{2}\nu-\frac{\pi}{4}\right)\right]\right.$$
$$\times\left\{\Gamma\left(\nu+\frac{1}{2}\right)+\sum_{l=1}^{[\frac{n}{2}]}\frac{(\nu-\frac{1}{2})(\nu-\frac{3}{2})\cdots(\nu-\frac{1}{2}-2l+1)}{(2l)!}\frac{(-1)^l}{(2z)^{2l}}\right.$$
$$+i\sum_{l=0}^{[\frac{n-1}{2}]}\frac{(\nu-\frac{1}{2})(\nu-\frac{3}{2})\cdots(\nu-\frac{1}{2}-2l)\Gamma(\nu+2l+\frac{3}{2})}{(2l+1)!}\frac{(-1)^l}{(2z)^{2l+1}}$$
$$\left.+O(z^{-n-1})\right\}$$
$$+\left[\cos\left(z-\frac{\pi}{2}\nu-\frac{\pi}{4}\right)-i\sin\left(z-\frac{\pi}{2}\nu-\frac{\pi}{4}\right)\right]\left\{\Gamma\left(\nu+\frac{1}{2}\right)\right.$$
$$+\sum_{l=1}^{[\frac{n}{2}]}\frac{(\nu-\frac{1}{2})(\nu-\frac{3}{2})\cdots(\nu-\frac{1}{2}+2l+1)\Gamma(\nu+2l+\frac{1}{2})}{(2l)!}\frac{(-1)^l}{(2z)^{2l}}$$
$$-i\sum_{l=0}^{[\frac{n-1}{2}]}\frac{(\nu-\frac{1}{2})(\nu-\frac{3}{2})\ldots(\nu-\frac{1}{2}-2l)\Gamma(\nu+2l+\frac{3}{2})}{(2l+1)!}\frac{(-1)^l}{(2z)^{2l+1}}$$
$$\left.\left.+O(z^{-n-1})\right\}\right]. \tag{3.59}$$

Nach elementaren Umformungen erhält man hieraus

$$J_\nu(z) = \frac{1}{\Gamma(\nu+\frac{1}{2})\sqrt{2\pi z}}\left[2\Gamma\left(\nu+\frac{1}{2}\right)\cos\left(z-\frac{\pi}{2}\nu-\frac{\pi}{4}\right)\right.$$
$$+ 2\cos\left(z-\frac{\pi}{2}\nu-\frac{\pi}{4}\right)A'_{\nu,n}(z) - 2\sin\left(z-\frac{\pi}{2}\nu-\frac{\pi}{4}\right)B'_{\nu,n}(z)$$
$$\left.+\,O(z^{-n-1})\right], \tag{3.60}$$

wobei $A'_{\nu,n}(z)$ und $B'_{\nu,n}(z)$ die Summen in (3.59) bezeichnen. Klammert man noch $\Gamma(\nu+\frac{1}{2})$ aus, so entsteht das folgende Ergebnis: Für $J_\nu(z)$ gilt für große $|z|$, $\operatorname{Re}(z) > 0$ und $\operatorname{Re}(\nu) > -\frac{1}{2}$ die *asymptotische Entwicklung*

$$J_\nu(z) = \sqrt{\frac{2}{\pi z}}\left[\cos\left(z-\frac{\pi}{2}\nu-\frac{\pi}{4}\right)\{1+A_{\nu,n}(z)\}\right.$$
$$\left.-\sin\left(z-\frac{\pi}{2}\nu-\frac{\pi}{4}\right)B_{\nu,n}(z) + O(z^{-n-1})\right] \tag{3.61}$$

mit

$$A_{\nu,n}(z) = \sum_{l=1}^{\left[\frac{n}{2}\right]} \frac{(\nu-\frac{1}{2})(\nu-\frac{3}{2})\cdots(\nu-\frac{1}{2}-2l+1)\,\Gamma(\nu+2l+\frac{1}{2})}{(2l)!\,\Gamma(\nu+\frac{1}{2})}\,\frac{(-1)^l}{(2z)^{2l}}, \tag{3.62}$$

$$B_{\nu,n}(z) = \sum_{l=0}^{\left[\frac{n-1}{2}\right]} \frac{(\nu-\frac{1}{2})(\nu-\frac{3}{2})\cdots(\nu-\frac{1}{2}-2l)\,\Gamma(\nu+2l+\frac{3}{2})}{(2l+1)!\,\Gamma(\nu+\frac{1}{2})}\,\frac{(-1)^l}{(2z)^{2l+1}}. \tag{3.63}$$

Durch fortlaufende Anwendung der Beziehung $\Gamma(w+1) = w\Gamma(w)$ kann man in (3.62), (3.63) die Gammafunktionen noch vollständig eliminieren.

*Beispiel 3.4:* Wir wollen abschließend zwei wichtige Spezialfälle von (3.61) notieren, die entstehen, wenn man $n = 0$ oder $n = 1$ setzt. Für $n = 0$ sind $A_{\nu,0}(z) = B_{\nu,0}(z) = 0$, und es entsteht die Formel

$$J_\nu(z) = \sqrt{\frac{2}{\pi z}}\left[\cos\left(z-\frac{\pi}{2}\nu-\frac{\pi}{4}\right) + O(z^{-1})\right] \tag{3.64}$$

für $|z| \to \infty$ in $\operatorname{Re}(z) > 0$ mit $\operatorname{Re}(\nu) > -\frac{1}{2}$. Die Besselfunktionen mit dem beschriebenen Parameterbereich verhalten sich also für betragsmäßig große $z$ mit $\operatorname{Re}(z) > 0$ wie die Funktion

$$\sqrt{\frac{2}{\pi z}}\cos\left(z-\frac{\pi}{2}\nu-\frac{\pi}{4}\right).$$

Die Aussage wird genauer, wenn man $n = 1$ setzt. Es gilt:

$$J_\nu(z) = \sqrt{\frac{2}{\pi z}}\left[\cos\left(z-\frac{\pi}{2}\nu-\frac{\pi}{4}\right) - \sin\left(z-\frac{\pi}{2}\nu-\frac{\pi}{4}\right)\frac{\nu^2-\frac{1}{4}}{2z} + O(z^2)\right] \tag{3.65}$$

für $|z| \to \infty$ in $\operatorname{Re}(z) > 0$ mit $\operatorname{Re}(\nu) > -\frac{1}{2}$

$$\left(\text{wegen } A_{\nu,1}(z) = 0, \quad B_{\nu,1}(z) = \frac{(\nu-\frac{1}{2})\,\Gamma(\nu+\frac{3}{2})\,(-1)^0}{1!\,\Gamma(\nu+\frac{1}{2})\,(2z)^1} = \frac{\nu^2-\frac{1}{4}}{2z}\right).$$

Mit diesen Betrachtungen konnte nur ein kleiner Einblick in die Theorie der asymptotischen Entwicklungen für Besselfunktionen gegeben werden. Immerhin verfügen wir nun beispielsweise im Falle reeller positiver $z$ über asymptotische Formeln für $J_\nu(z)$ für große $|z|$, die wir wegen $J_\nu(-z) = (-1)^\nu J_\nu(z)$ auch auf negative reelle $z$ ausdehnen können. Sollten weitere asymptotische Eigenschaften, insbesondere für die hier nicht behandelten Bereiche für $z$ bzw. auch solche für große $\nu$ benötigt werden, verweisen wir auf [1].

### 3.2.6. Orthogonalität und Bemerkungen über Nullstellen

Im Zusammenhang mit Reihenentwicklungen nach Besselschen Funktionen, die erforderlich sind, um Anfangsbedingungen konkreter physikalischer Aufgaben zu erfüllen, spielt deren Orthogonalität eine entscheidende Rolle. Orthogonalität und Nullstellen sind damit wichtige Eigenschaften auch bei Anwendungen dieser Funktionen.

Wir betrachten die Funktion $J_\nu(kz)$, indem wir das Argument $z$ durch $kz$ ersetzen. Diese Funktion genügt dann der Besselschen Differentialgleichung

$$\frac{\mathrm{d}^2 J_\nu(kz)}{\mathrm{d}z^2} + \frac{1}{z}\frac{\mathrm{d}J_\nu(kz)}{\mathrm{d}z} + \left(k^2 - \frac{\nu^2}{z^2}\right) J_\nu(kz) = 0. \tag{3.66}$$

Diese Differentialgleichung folgt unmittelbar aus (3.11), womit auch feststeht, daß sie von praktischem Interesse ist. Multiplizieren wir diese Gleichung mit $z$, so können wir sie auch in der Form

$$\frac{\mathrm{d}}{\mathrm{d}z}\left[z\frac{\mathrm{d}J_\nu(kz)}{\mathrm{d}z}\right] + \left(k^2 z - \frac{\nu^2}{z}\right) J_\nu(kz) = 0 \tag{3.67}$$

schreiben. Es sei nun $\nu \geqq 0$. Wir wählen zwei Werte $k_1, k_2$ für $k$. Dann gilt (3.67) natürlich sowohl für $k = k_1$ als auch $k = k_2$. Multiplizieren wir nun die Differentialgleichung (3.67), in der $k = k_1$ gesetzt wurde, mit $J_\nu(k_2 z)$ und die Differentialgleichung (3.67), in der für $k = k_2$ steht, mit $J_\nu(k_1 z)$, so entstehen die Gleichungen

$$\frac{\mathrm{d}}{\mathrm{d}z}\left[z\frac{\mathrm{d}J_\nu(k_1 z)}{\mathrm{d}z}\right] J_\nu(k_2 z) + \left(k_1^2 z - \frac{\nu^2}{z}\right) J_\nu(k_1 z)\, J_\nu(k_2 z) = 0, \tag{3.68}$$

$$\frac{\mathrm{d}}{\mathrm{d}z}\left[z\frac{\mathrm{d}J_\nu(k_2 z)}{\mathrm{d}z}\right] J_\nu(k_1 z) + \left(k_2^2 z - \frac{\nu^2}{z}\right) J_\nu(k_2 z)\, J_\nu(k_1 z) = 0. \tag{3.69}$$

Nach Substraktion und Integration über das endliche Intervall $[0, l]$ entsteht hieraus

$$\int_0^l \left\{J_\nu(k_2 z)\frac{\mathrm{d}}{\mathrm{d}z}\left[z\frac{\mathrm{d}J_\nu(k_1 z)}{\mathrm{d}z}\right] - J_\nu(k_1 z)\frac{\mathrm{d}}{\mathrm{d}z}\left[z\frac{\mathrm{d}J_\nu(k_2 z)}{\mathrm{d}z}\right]\right\} \mathrm{d}z$$
$$+ (k_1^2 - k_2^2)\int_0^l z J_\nu(k_1 z)\, J_\nu(k_2 z)\, \mathrm{d}z = 0. \tag{3.70}$$

Das erste dieser Integrale kann man sofort ausrechnen und erhält

$$\left[z\frac{\mathrm{d}J_\nu(k_1 z)}{\mathrm{d}z} J_\nu(k_2 z) - z\frac{\mathrm{d}J_\nu(k_2 z)}{\mathrm{d}z} J_\nu(k_1 z)\right]_{z=0}^{z=l}$$
$$+ (k_1^2 - k_2^2)\int_0^l z J_\nu(k_1 z)\, J_\nu(k_2 z)\, \mathrm{d}z = 0. \tag{3.71}$$

Mit $\frac{dJ_\nu(kz)}{dz} = kJ'_\nu(kz)$, wobei der Strich wie üblich die Ableitung nach dem Argument bezeichnet, geht (3.71) über in

$$[k_1zJ'_\nu(k_1z)\,J_\nu(k_2z) - k_2zJ'_\nu(k_2z)\,J_\nu(k_1z)]_0^l + (k_1^2 - k_2^2)\int_0^l zJ_\nu(k_1z)\,J_\nu(k_2z)\,dz = 0. \tag{3.72}$$

Erinnern wir uns an die Taylorreihe (3.55) für $J_\nu(z)$,

$$J_\nu(z) = \left(\frac{z}{2}\right)^\nu \sum_{n=0}^{\infty} \frac{(-1)^n \left(\frac{z}{2}\right)^{2n}}{n!\,\Gamma(\nu + n + 1)}, \tag{3.55}$$

so folgt, da $\nu \geqq 0$ vorausgesetzt wurde,

$$\lim_{z\to 0}\,[k_1zJ'_\nu(k_1z)\,J_\nu(k_2z) - k_2zJ'_\nu(k_2z)\,J_\nu(k_1z)] = 0.$$

Somit entsteht aus (3.72)

$$l[k_1J'_\nu(k_1l)\,J_\nu(k_2l) - k_2J'_\nu(k_2l)\,J_\nu(k_1l)] + (k_1^2 - k_2^2)\int_0^l zJ_\nu(k_1z)\,J_\nu(k_2z)\,dz = 0, \tag{3.73}$$

speziell für $l = 1$

$$[k_1J'_\nu(k_1)\,J_\nu(k_2) - k_2J'_\nu(k_2)\,J_\nu(k_1)] + (k_1^2 - k_2^2)\int_0^1 zJ_\nu(k_1z)\,J_\nu(k_2z)\,dz = 0. \tag{3.74}$$

(Wir bemerken, daß die bisherigen Ergebnisse auch für $\nu \geqq -1$ gültig bleiben.) Um die angestrebte Orthogonalitätseigenschaft zu erhalten, benötigen wir Aussagen über Nullstellen der Besselfunktionen. Es gilt der folgende Satz.

**Satz:** *Eine Besselsche Funktion $J_\nu(z)$, $\nu > -1$, besitzt unendlich viele reelle Nullstellen, die symmetrisch zum Nullpunkt liegen. Darüberhinaus gibt es keine weiteren Nullstellen.*

Wir beweisen den Satz indirekt. Angenommen $J_\nu(z)$ besitze eine komplexe Nullstelle $a + ib$ mit $a \neq 0$. In der unendlichen Reihe

$$J_\nu(z) = \sum_{n=0}^{\infty} \frac{(-1)^n \left(\frac{z}{2}\right)^{2n+\nu}}{n!\,\Gamma(\nu + n + 1)} = z^\nu \sum_{n=0}^{\infty} \frac{(-1)^n z^{2n}}{n!\,\Gamma(\nu + n + 1)\,2^{2n+\nu}} \tag{3.55}$$

sind wegen $\nu > -1$ alle Koeffizienten reell. Deshalb müßte $J_\nu(z)$ auch die Nullstelle $a - ib$ besitzen. Setzen wir nun in (3.74) $k_1 = a + ib$ und $k_2 = a - ib$, so ist $k_1^2 - k_2^2 = 4abi \neq 0$, und wir erhalten

$$(a + ib)\,J'_\nu(a + ib)\,J_\nu(a - ib) - (a - ib)\,J'_\nu(a - ib)\,J_\nu(a + ib) + 4abi\int_0^1 zJ_\nu((a + ib)\,z)\,J_\nu((a - ib)\,z)\,dz = 0,$$

also

$$\int_0^1 zJ_\nu((a+ib)z)\,J_\nu((a-ib)z)\,dz = 0. \tag{3.75}$$

Die Funktionen $J_\nu((a+ib)z)$, $J_\nu((a-ib)z)$ sind auf dem Integrationsintervall konjugiert komplex, so daß der Integrand in (3.75) auf dem Integrationsweg (0, 1) positiv ist. Demzufolge bedeutet (3.75) einen Widerspruch zur Annahme $a \neq 0$ und $b \neq 0$. Folglich müssen wir nur noch zeigen, daß auch Nullstellen der Form $\pm ib$, $b \neq 0$, unmöglich sind. Dazu betrachten wir wieder die Taylorreihe für $J_\nu(z)$ und setzen $z = ib$. Dann gilt:

$$J_\nu(ib) = (ib)^\nu \sum_{n=0}^{\infty} \frac{1}{n!\,\Gamma(\nu+n+1)}\,\frac{b^{2n}}{2^{2n+\nu}}. \tag{3.76}$$

Die Reihe in (3.76) besitzt aber nur positive Glieder (vgl. auch Eigenschaften der Gammafunktion), so daß der Nachweis geführt ist.

Es bleibt noch zu zeigen, daß es unendlich viele Nullstellen gibt. Man überlegt sich unter Verwendung der Entwicklung (3.55) leicht, daß Nullstellen von $J_\nu(z)$ dem absoluten Betrag nach paarweise gleich und dem Vorzeichen nach entgegengesetzt sein müssen (Entwicklung (3.55) enthält nur gerade $z$-Potenzen). Demzufolge genügt es, die positiven Nullstellen zu betrachten. Wir benutzen die asymptotische Formel (3.64), die speziell auch für große positive $z$ gilt:

$$J_\nu(z) = \sqrt{\frac{2}{\pi z}}\left[\cos\left(z - \frac{\pi}{2}\nu - \frac{\pi}{4}\right) + O(z^{-1})\right].$$

Für große positive $z$ wird $O(z^{-1})$ beliebig klein, während $\cos\left(z - \frac{\pi}{2}\nu - \frac{\pi}{4}\right)$ bekanntermaßen unendlich viele Nullstellen besitzt. Demzufolge ist der Satz bewiesen.

Nach dieser Zwischenbetrachtung können wir uns wieder der Orthogonalitätsbeziehung (3.73) zuwenden. Sind $z = k_1$ und $z = k_2$ zwei verschiedene positive Wurzeln von $J_\nu(zl) = 0$, dann folgt aus (3.73) sofort die Orthogonalitätseigenschaft

$$\int_0^l zJ_\nu(k_1 z)\,J_\nu(k_2 z)\,dz = 0. \tag{3.77}$$

Wir betrachten jetzt verallgemeinernd die Gleichung

$$\alpha J_\nu(zl) + \beta z J'_\nu(zl) = 0, \quad \alpha, \beta \text{ reell, fest.}$$

Es seien $z = k_1$ und $z = k_2$ zwei verschiedene Wurzeln dieser Gleichung. Dann gilt

$$k_1 J'_\nu(k_1 l)\,J_\nu(k_2 l) - k_2 J'_\nu(k_2 l)\,J_\nu(k_1 l) = 0,$$

so daß auch in diesem Fall die *Orthogonalitätsrelation* (3.77) aus (3.73) folgt.

*Beispiel 3.5:* Die folgende Tabelle gibt die ersten positiven Nullstellen $j_{n,\mu}$, ($\mu = 1, 2, 3, \ldots$),

$$0 < j_{n,1} < j_{n,2} < j_{n,3} < \ldots$$

von $J_n(x)$ für die ersten Werte $n = 0, 1, 2, \ldots$ an. Da $J_n(z)$ keine echt komplexen Nullstellen besitzen kann, genügt es, $z = x$ reell zu setzen.

Tabelle 3.2. Nullstellen der Besselschen Funktionen

| $\mu$ \ $n$ | 0 | 1 | 2 | 3 | 4 | 5 |
|---|---|---|---|---|---|---|
| 1 | 2,404826 | 3,831706 | 5,135622 | 6,380162 | 7,588342 | 8,771484 |
| 2 | 5,520078 | 7,015587 | 8,417244 | 9,761023 | 11,064709 | 12,338604 |
| 3 | 8,653728 | 10,173468 | 11,619841 | 13,015201 | 14,372537 | 15,700174 |
| 4 | 11,791534 | 13,323692 | 14,795952 | 16,223466 | 17,615966 | 18,980134 |
| 5 | 14,930918 | 16,470630 | 17,959819 | 19,409415 | 20,826933 | 22,217800 |

## 3.3. Die allgemeine Lösung der Besselschen Differentialgleichung

### 3.3.1. Fundamentalsysteme von Lösungen der Besselschen Differentialgleichung

Wir haben gesehen, daß die Funktion

$$J_\nu(z) = \sum_{n=0}^{\infty} \frac{(-1)^n \left(\frac{z}{2}\right)^{2n+\nu}}{n!\,\Gamma(\nu + n + 1)}$$

mit beliebigem komplexem $\nu$ Lösung der Besselschen Differentialgleichung

$$L(y) = y''(z) + \frac{1}{z} y'(z) + \left(1 - \frac{\nu^2}{z^2}\right) y(z) = 0 \tag{3.78}$$

ist. Ist $\nu$ nicht ganzzahlig, so ist $J_{-\nu}(z)$ eine linear unabhängige (diese Aussage wird unten bewiesen) zweite Lösung der Differentialgleichung (3.78), so daß wir als allgemeine Lösung

$$y(z) = C_1 J_\nu(z) + C_2 J_{-\nu}(z) \tag{3.79}$$

erhalten. Im Falle ganzzahliger $\nu$ ist diese Aussage nicht richtig, da in diesem Falle (3.22), $J_{-k}(z) = (-1)^k J_k(z)$, $\nu = k$, ganzzahlig, gilt.

Wir hatten in 3.1. jede Lösung von $L(y) = 0$ eine Zylinderfunktion genannt. Eine solche Zylinderfunktion läßt sich, wie aus der Theorie der homogenen linearen Differentialgleichungen 2. Ordnung bekannt ist, immer in der Form

$$y = Z_\nu(z) = C_1 y_1(z) + C_2 y_2(z) \text{ mit } L(y_i) = 0, \; i = 1, 2$$

und $y_1, y_2$ linear unabhängig, darstellen (Band 7/1).

Ein Kriterium für die lineare Unabhängigkeit von Lösungen der Differentialgleichung $L(y) = 0$ ist, wie ebenfalls aus der allgemeinen Theorie bekannt, das Nichtverschwinden der Wronskischen Determinante $W(y_1, y_2)$ für zwei Lösungen $y_1, y_2$:

$$W(y_1, y_2) = \begin{vmatrix} y_1 & y_2 \\ y_1' & y_2' \end{vmatrix} \not\equiv 0. \tag{3.80}$$

Diese Wronskische Determinante soll nun für unsere Differentialgleichung (3.78) berechnet werden. Wir bilden ausgehend von (3.78)

$$zL(y) = \frac{d}{dz}(zy') + \left(z - \frac{\nu^2}{z}\right)y = 0$$

den Ausdruck

$$z(y_1 L(y_2) - y_2 L(y_1)) = y_1 \frac{d}{dz}(zy_2') - y_2 \frac{d}{dz}(zy_1') = 0,$$

der gleich null ist, weil $y_1$ und $y_2$ Lösungen von $L(y) = 0$ sind. Nun bilden wir

$$\frac{d}{dz}(zW(y_1, y_2)) = \frac{d}{dz}(z(y_1 y_2' - y_2 y_1')) = \frac{d}{dz}(y_1(zy_2')) - \frac{d}{dz}(y_2(zy_1'))$$

$$= y_1 \frac{d}{dz}(zy_2') + y_1'(zy_2') - y_2 \frac{d}{dz}(zy_1') - y_2'(zy_1')$$

$$= y_1 \frac{d}{dz}(zy_2') - y_2 \frac{d}{dz}(zy_1').$$

Es gilt deshalb:

$$\frac{d}{dz}(zW(y_1, y_2)) = 0, \tag{3.81}$$

und hieraus folgt:

$$zW(y_1, y_2) = \text{const}, \quad \text{also} \quad W(y_1, y_2) \equiv \frac{C}{z}. \tag{3.82}$$

Damit hat sich unsere Aufgabe darauf reduziert, $C$ zu berechnen. Dies ist möglich, indem wir ein konkretes $z$ einsetzen. Zweckmäßig ist folgender Weg:

$$C = \lim_{z\to 0} (zW(y_1, y_2)). \tag{3.83}$$

Für $y_1$ und $y_2$ wählen wir die beiden Lösungen $J_\nu(z)$ und $J_{-\nu}(z)$. Dann ist:

$$C = \lim_{z\to 0} z(J_\nu J_{-\nu}' - J_{-\nu} J_\nu')$$

$$= \lim_{z\to 0} z\left[\frac{1}{z}\left\{\frac{-\nu}{\Gamma(1+\nu)\Gamma(1-\nu)} - \frac{\nu}{\Gamma(1+\nu)\Gamma(1-\nu)}\right\} + O(z^2)\right] \tag{3.84}$$

$$= \lim_{z\to 0} \frac{-2\nu}{\nu\Gamma(\nu)\Gamma(1-\nu)} = \frac{-2}{\Gamma(\nu)\Gamma(1-\nu)}. \tag{3.85}$$

Hiermit ist $C$ berechnet.

*Aufgabe 3.5:* Mit Hilfe (3.57) rechne man das Ergebnis (3.85) nach!

Wegen des Ergänzungssatzes (2.13) für die Gammafunktion gilt weiterhin $C = -\dfrac{2\sin\pi\nu}{\pi}$ und damit

$$W(J_\nu, J_{-\nu}) = \frac{2\sin\pi\nu}{\pi z} = \begin{cases} 0 & \text{für } \nu \text{ ganz,} \\ \neq 0 & \text{sonst.} \end{cases} \tag{3.86}$$

Aus dieser Formel folgt sofort die lineare Unabhängigkeit der Lösungen $J_\nu(z)$, $J_{-\nu}(z)$ der Besselschen Differentialgleichung für nicht ganzzahlige $\nu$ und die lineare Abhängigkeit für ganzzahlige $\nu$ aus den entsprechenden allgemeinen Sätzen (siehe Bd. 7/1).

Nun will man natürlich auch im Falle ganzzahliger $\nu$ ein Fundamentalsystem von Lösungen haben. Wir definieren zu diesem Zwecke die *Besselfunktionen zweiter Art* (*Neumannsche Funktionen*) wie folgt:

$$\begin{aligned} N_\nu(z) &= \frac{J_\nu(z)\cos\pi\nu - J_{-\nu}(z)}{\sin\pi\nu} && \text{für } \nu \text{ nicht ganzzahlig,} \\ N_k(z) &= \lim_{\nu\to k} N_\nu(z) && \text{für } k \text{ ganzzahlig.} \end{aligned} \tag{3.87}$$

Selbstverständlich ist $N_\nu(z)$ für nicht ganzzahliges $\nu$ Lösung von $L(y) = 0$, da $N_\nu(z)$ als Linearkombination der Lösungen $J_\nu(z)$ und $J_{-\nu}(z)$ dargestellt ist. Für ganzzahliges $\nu = k$ können wir den Grenzwert mit der l'Hospitalschen Regel ausrechnen, da im Zähler und Nenner ganze transzendente Funktionen in $\nu$ stehen. Es wird

$$N_k(z) = \frac{1}{\pi}\frac{\partial}{\partial\nu}(J_\nu(z))\bigg|_{\nu=k} + \frac{(-1)^{k+1}}{\pi}\frac{\partial}{\partial\nu}(J_{-\nu}(z))\bigg|_{\nu=k}. \tag{3.88}$$

Wegen des Prinzips der analytischen Fortsetzung ist auch $N_k(z)$ Lösung der Besselschen Differentialgleichung $L(y) = 0$. Deshalb ist also auch $N_k(z)$ eine Zylinderfunktion. Wir zeigen jetzt noch, daß $J_\nu(z)$ und $N_\nu(z)$ für beliebige $\nu$ ein Fundamentalsystem von Lösungen zu (3.78) bilden. Wir berechnen hierzu $W(J_\nu(z), N_\nu(z))$:

$$\begin{aligned} W(J_\nu, N_\nu) &= \begin{vmatrix} J_\nu & N_\nu \\ J'_\nu & N'_\nu \end{vmatrix} = \begin{vmatrix} J_\nu & \dfrac{J_\nu\cos\nu\pi - J_{-\nu}}{\sin\nu\pi} \\ J'_\nu & \dfrac{J'_\nu\cos\nu\pi - J'_{-\nu}}{\sin\nu\pi} \end{vmatrix} \\ &= J_\nu\left[\frac{J'_\nu\cos\nu\pi - J'_{-\nu}}{\sin\nu\pi}\right] - J'_\nu\left[\frac{J_\nu\cos\nu\pi - J_{-\nu}}{\sin\nu\pi}\right] \\ &= -J_\nu J'_{-\nu}\frac{1}{\sin\nu\pi} + J'_\nu J_{-\nu}\frac{1}{\sin\nu\pi} = \frac{2}{\pi z}. \end{aligned} \tag{3.89}$$

Da die Wronskische Determinante unabhängig von $\nu$ ist, haben wir mit $J_\nu(z)$ und $N_\nu(z)$ für beliebige $\nu$ ein Fundamentalsystem von Lösungen von $L(y) = 0$ gefunden und erhalten die allgemeine Lösung

$$Z_\nu(z) = C_1 J_\nu(z) + C_2 N_\nu(z) \tag{3.90}$$

für $\nu$ beliebig (insbesondere also auch ganzzahlig).

Die Definitionsformeln (3.87) sind natürlich nicht die einzige Möglichkeit zu von $J_\nu(z)$ linear unabhängigen Lösungen der Besselschen Differentialgleichungen zu kommen. Wir definieren jetzt die *Besselfunktionen 3. Art* (*Hankelfunktionen*) als weitere Lösungen der Besselschen Differentialgleichung, die eine besondere Bedeutung für Anwendungen besitzen, da sie im Unendlichen ein besonders einfaches Verhalten besitzen:

$$\begin{aligned} H_\nu^{(1)}(z) &= J_\nu(z) + \mathrm{i}N_\nu(z), \\ H_\nu^{(2)}(z) &= J_\nu(z) - \mathrm{i}N_\nu(z), \end{aligned} \tag{3.91}$$

Als Linearkombinationen von Lösungen linearer, homogener Differentialgleichungen sind diese Funktionen Lösungen der Differentialgleichung. Des weiteren sind sie ganze transzendente Funktionen in $\nu$ und bilden ein Fundamentalsystem der Differentialgleichung, d. h.,

$$Z_\nu(z) = C_1 H_\nu^{(1)}(z) + C_2 H_\nu^{(2)}(z) \tag{3.92}$$

ist allgemeine Lösung der Besselschen Differentialgleichung.

*Aufgabe 3.6:* Man zeige, daß die Hankelschen Funktionen $H_\nu^{(1)}(z)$ und $H_\nu^{(2)}(z)$ für beliebige $\nu$ ein Fundamentalsystem von Lösungen der Besselschen Differentialgleichung darstellen!

Insgesamt haben wir für alle $\nu$ die folgenden Fundamentalsysteme von Lösungen der Besselschen Differentialgleichung:

$$\begin{aligned} &J_\nu, \quad N_\nu; \quad H_\nu^{(1)}, H_\nu^{(2)};\\ &H_\nu^{(1)}, \ J_\nu; \quad H_\nu^{(2)}, J_\nu;\\ &H_\nu^{(1)}, \ N_\nu; \quad H_\nu^{(2)}, N_\nu. \end{aligned}$$

Aus den Definitionsformeln (3.87), (3.91) leitet man leicht die folgenden weiteren Beziehungen zwischen Besselschen Funktionen 1., 2. und 3. Art ab:

$$\begin{aligned} H_\nu^{(1)}(z) &= \frac{J_{-\nu}(z) - \mathrm{e}^{-\nu\pi\mathrm{i}} J_\nu(z)}{\mathrm{i}\sin\pi\nu},\\ H_\nu^{(2)}(z) &= \frac{\mathrm{e}^{\nu\pi\mathrm{i}} J_\nu(z) - J_{-\nu}(z)}{\mathrm{i}\sin\pi\nu},\\ J_\nu(z) &= \tfrac{1}{2}(H_\nu^{(1)}(z) + H_\nu^{(2)}(z)),\\ J_{-\nu}(z) &= \tfrac{1}{2}(\mathrm{e}^{\nu\pi\mathrm{i}} H_\nu^{(1)}(z) + \mathrm{e}^{-\nu\pi\mathrm{i}} H_\nu^{(2)}(z)),\\ N_\nu(z) &= \frac{1}{2\mathrm{i}}(H_\nu^{(1)}(z) - H_\nu^{(2)}(z)). \end{aligned} \tag{3.93}$$

Abschließend sei noch auf eine interessante Analogie hingewiesen. Die Besselschen Funktionen $J_\nu(z)$ entsprechen den Lösungen $\cos \nu z$ der einfacheren Differentialgleichung

$$\frac{\mathrm{d}^2 y}{\mathrm{d}z^2} + \nu^2 y = 0. \tag{3.94}$$

Ebenso entsprechen die Neumannsche Funktion $N_\nu(z)$ den Lösungen $\sin \nu z$ und die Hankelschen Funktionen $H_\nu^{(1)}(z)$, $H_\nu^{(2)}(z)$ den Lösungen $\mathrm{e}^{\mathrm{i}\nu z}$, $\mathrm{e}^{-\mathrm{i}\nu z}$ von Differentialgleichung (3.94). Die Aussage wird begründet durch die Rekursionsformeln und durch asymptotische Entwicklungen. Man beachte hierzu insbesondere die nachfolgend angegebenen Eigenschaften der Neumannschen und Hankelschen Funktionen [(3.64), (3.103), (3.104), (3.105)].

Ohne auf eine nähere theoretische Begründung einzugehen bemerken wir, daß die Besselsche Differentialgleichung

$$y'' + \frac{1}{z} y' + \left(1 - \frac{\nu^2}{z^2}\right) y = 0$$

durch die Variablentransformation $u = \frac{z}{\nu}$, $y(z) = y(\nu u) = w(u)$ in die Differentialgleichung

$$w'' + \frac{1}{u} w' + \nu^2 w - \frac{\nu^2}{u^2} w = 0 \tag{3.95}$$

übergeht. Da große $|z|$ auch großen $|u|$ entsprechen, sehen wir, daß (3.95) in

$$w'' + \nu^2 w = 0$$

übergeht, wenn man für große $u$ die Glieder $\frac{1}{u} w'$ und $\frac{\nu^2}{u^2} w$ wegläßt.

### 3.3.2. Einige Eigenschaften der Neumannschen und Hankelschen Funktionen

Im folgenden Abschnitt werden einige wichtige Darstellungen dieser Funktionen und deren asymptotisches Verhalten diskutiert, ohne daß wir auf Beweise ausführlich eingehen werden. Wir beginnen mit Integraldarstellungen von Hankelschen und Neumannschen Funktionen. Man kann zeigen, daß außer den Besselfunktionen auch die Funktionen

$$y_1(z) = C z^\nu \, e^{\pi(\nu - \frac{1}{2}) i} \, i \int_{\infty}^{(-1^+)} (\tau^2 - 1)^{\nu - \frac{1}{2}} e^{iz\tau} d\tau, \quad \operatorname{arc}(\tau^2 - 1) = 0, \text{ für } \tau > 1,$$

$$y_2(z) = -C z^\nu \, e^{\pi(\nu - \frac{1}{2}) i} \, i \int_{\infty}^{(1^-)} (\tau^2 - 1)^{\nu - \frac{1}{2}} e^{iz\tau} d\tau, \quad \operatorname{arc}(\tau^2 - 1) = 2\pi, \text{ für } \tau > 1 \tag{3.96}$$

für $|\operatorname{arc}(z)| \leqq \frac{\pi}{2} - \varepsilon$, $\varepsilon > 0$, der Besselschen Differentialgleichung genügen. Wählen

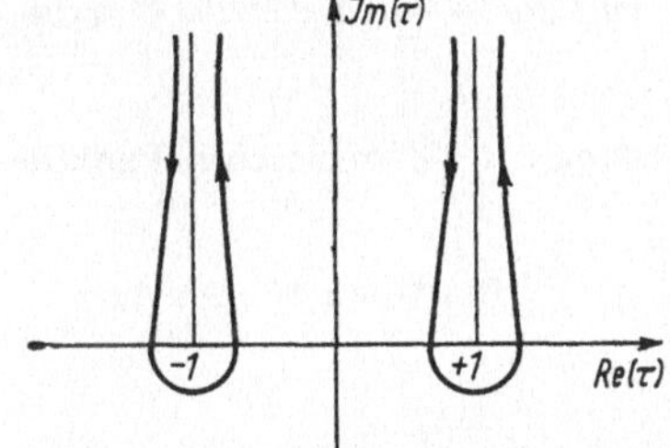


Bild 3.5. Integrationswege zu einer Integraldarstellung der Hankelfunktionen

wir für $\nu \neq \frac{1}{2} + k$, $k$ ganzzahlig, $C = e^{-\nu\pi i} \frac{\Gamma(\frac{1}{2} - \nu)}{\pi i \Gamma(\frac{1}{2}) 2^\nu}$, so entstehen die beiden Lösungen

$$H_\nu^{(1)}(z) = \frac{\Gamma(\frac{1}{2} - \nu)}{\Gamma(\frac{1}{2}) \pi i} \left(\frac{z}{2}\right)^\nu \int_{\infty}^{(-1^+)} (\tau^2 - 1)^{\nu - \tau} e^{iz\tau} d\tau$$

$$\text{mit } \operatorname{arc}(\tau^2 - 1) = 0, \tau > 1, \tag{3.97}$$

$$H_\nu^{(2)}(z) = -\frac{\Gamma(\frac{1}{2} - \nu)}{\Gamma(\frac{1}{2}) \pi i} \left(\frac{z}{2}\right)^\nu \int_{\infty}^{(1^-)} (\tau^2 - 1)^{\nu - \frac{1}{2}} e^{iz\tau} d\tau$$

$$\text{mit } \operatorname{arc}(\tau^2 - 1) = 2\pi, \tau > 1,$$

mit $|\mathrm{Re}(z)| \leqq \frac{\pi}{2} - \varepsilon$, $\varepsilon > 0$, der Besselschen Differentialgleichung. Man kann zeigen, daß für diese Integrale die Beziehungen (3.93) gelten, z. B.

$$\tfrac{1}{2}\left(H_\nu^{(1)}(z) + H_\nu^{(2)}(z)\right) = J_\nu(z),$$

daß damit die Formeln (3.97) die durch (3.91) definierten Hankelfunktionen für den angegebenen Parameterbereich darstellen.

Andere Integraldarstellungen für die Besselfunktionen zweiter und dritter Art findet man, indem man von der Integraldarstellung (3.51)

$$J_\nu(z) = \frac{1}{\pi}\int_0^\pi \cos(\nu\varphi - z\sin\varphi)\,\mathrm{d}\varphi + \frac{\sin(\nu+1)\pi}{\pi}\int_0^\infty \mathrm{e}^{-\nu\psi - z\sinh\psi}\,\mathrm{d}\psi,$$
$$\mathrm{Re}(z) > 0, \tag{3.98}$$

ausgeht und die Definitionsformeln (3.87), (3.91) benutzt.

Wir tragen (3.98) in

$$N_\nu(z) = \frac{J_\nu(z)\cos\pi\nu - J_{-\nu}(z)}{\sin\pi\nu}$$

ein und erhalten

$$N_\nu(z) = \frac{\cot\pi\nu}{\pi}\int_0^\pi \cos(z\sin\varphi - \nu\varphi)\,\mathrm{d}\varphi - \frac{\cos\pi\nu}{\pi}\int_0^\infty \mathrm{e}^{-z\sinh\psi - \nu\psi}\,\mathrm{d}\psi$$
$$- \frac{\nu\pi}{\pi\sin\pi\nu}\int_0^\pi \cos(z\sin\varphi + \nu\varphi)\,\mathrm{d}\varphi - \frac{1}{\pi}\int_0^\infty \mathrm{e}^{-z\sinh\psi + \nu\psi}\,\mathrm{d}\psi.$$

*Aufgabe 3.7:* Man leite die Schläflische Integraldarstellung der Neumannschen Funktion $N_\nu(z)$

$$N_\nu(z) = \frac{1}{\pi}\int_0^\pi \sin(z\sin\varphi - \nu\varphi)\,\mathrm{d}\varphi - \frac{1}{\pi}\int_0^\infty \mathrm{e}^{-z\sinh\psi}\left(\mathrm{e}^{\nu\psi} + \mathrm{e}^{-\nu\psi}\cos\pi\nu\right)\mathrm{d}\psi \tag{3.99}$$

für $\mathrm{Re}(z) > 0$ her.

Aus der Integraldarstellung (3.99) erhält man nun auch weitere Integraldarstellungen der Hankelschen Funktionen. Man bekommt nach (3.91) durch elementare Umformungen

$$H_\nu^{(1)}(z) = \frac{1}{\pi}\int_0^\pi \mathrm{e}^{\mathrm{i}(z\sin\varphi - \nu\varphi)}\,\mathrm{d}\varphi - \frac{1}{\pi}\int_0^\infty \mathrm{e}^{-z\sinh\psi}\left[\mathrm{e}^{\nu\psi} + \mathrm{e}^{-\nu(\psi+\pi\mathrm{i})}\right]\mathrm{d}\psi$$
$$= \frac{1}{\pi\mathrm{i}}\int_{-\infty}^0 \mathrm{e}^{z\sinh\psi - \nu\psi}\,\mathrm{d}\psi + \frac{1}{\pi\mathrm{i}}\int_{\varphi=0}^\pi \mathrm{e}^{z\sinh\varphi - \nu\mathrm{i}\varphi}\,\mathrm{d}(\mathrm{i}\varphi)$$
$$+ \frac{1}{\pi\mathrm{i}}\int_{\psi=0}^\infty \mathrm{e}^{z\sinh(\psi+\pi\mathrm{i}) - \nu(\psi+\pi\mathrm{i})}\,\mathrm{d}(\psi + \pi\mathrm{i}).$$

Indem wir mit $t = \psi + i\varphi$ eine komplexe Variable einführen, können wir $H_\nu^{(1)}(z)$ als Kurvenintegral folgendermaßen schreiben:

$$H_\nu^{(1)}(z) = \frac{1}{\pi i} \int_{\mathfrak{C}_1} e^{z \sinh t - \nu t} \, dt, \quad \operatorname{Re}(z) > 0. \tag{3.100}$$

Für $H_\nu^{(2)}(z)$ erhält man auf entsprechendem Wege

$$H_\nu^{(2)}(z) = \frac{1}{\pi i} \int_{\mathfrak{C}_2} e^{z \sinh t - \nu t} \, dt, \quad \operatorname{Re}(z) > 0. \tag{3.101}$$

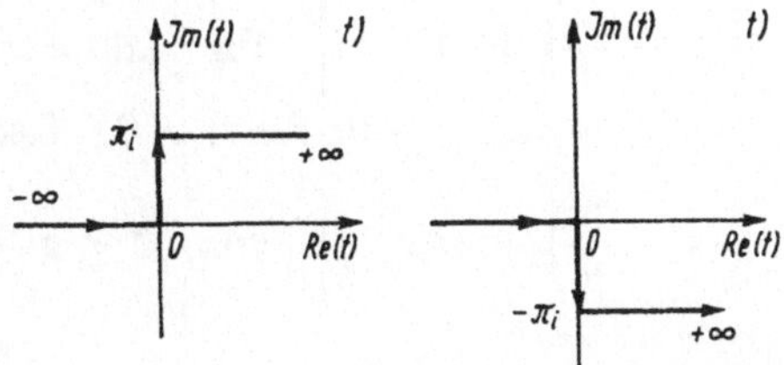


Bild 3.6. Integrationswege zu einer Integraldarstellung der Hankelfunktionen

Die Integrationswege $\mathfrak{C}_1, \mathfrak{C}_2$ sind in Bild 3.6 dargestellt. Es gibt noch einige weitere Integraldarstellungen der Hankelfunktionen, die aus dieser durch Substtiution hervorgehen:

$$H_\nu^{(1)}(z) = \frac{e^{-\nu \frac{\pi}{2} i}}{\pi i} \int_{-\infty}^{+\infty} e^{iz \cosh u - \nu u} \, du,$$

$$H_\nu^{(2)}(z) = -\frac{e^{\nu \frac{\pi}{2} i}}{\pi i} \int_{-\infty}^{+\infty} e^{-iz \cosh u - \nu u} \, du.$$

Wie bei den Besselfunktionen ist auch für die Neumannschen und Hankelschen Funktionen das Verhalten für große bzw. kleine $|z|$ bei Anwendungen wichtig. Zuerst geben wir eine Reihenentwicklung der Neumannschen Funktion $N_k(z)$, $k$ ganz, an, wobei wir auf den von (3.88) ausgehenden Beweis hier nicht eingehen werden. Es gilt

$$N_k(z) = -\frac{1}{\pi} \sum_{n=0}^{k-1} \frac{(k-n-1)! \left(\frac{z}{2}\right)^{2n-k}}{n!} + \frac{1}{\pi} \sum_{n=0}^{\infty} \frac{(-1)^n \left(\frac{z}{2}\right)^{2n+k}}{(k+n)!\, n!}$$
$$\times \left[2 \log \frac{z}{2} - \frac{\Gamma'}{\Gamma}(n+1) - \frac{\Gamma'}{\Gamma}(n+k+1)\right], \quad k = 0, 1, 2, \ldots, \tag{3.102}$$

$$N_{-k}(z) = (-1)^k N_k(z), \quad k = 1, 2, \ldots,$$

mit

$$\frac{\Gamma'}{\Gamma}(1) = \Gamma'(1) = -\gamma,$$

$$\frac{\Gamma'}{\Gamma}(m+1) = -\gamma + 1 + \frac{1}{2} + \dots + \frac{1}{m} \quad \text{für} \quad m = 1, 2, \dots$$

Auf ähnlichen Wegen wie für die Besselfunktionen gewinnt man auch asymptotische Aussagen über die Neumannschen und die Hankelfunktionen für große $|z|$, [1], wobei wir uns hier auf die Angabe spezialisierter Formeln vom Typ (3.64) beschränken werden. Es gilt

$$J_\nu(z) = \sqrt{\frac{2}{\pi z}}\left[\cos\left(z - \frac{\pi}{2}\nu - \frac{\pi}{4}\right) + O(z^{-1})\right] \quad \text{für} \quad |z| \to \infty \tag{3.64}$$

$$\text{in } \operatorname{Re}(z) > 0, \quad \operatorname{Re}(\nu) > -\tfrac{1}{2},$$

$$N_\nu(z) = \sqrt{\frac{2}{\pi z}}\left[\sin\left(z - \frac{\pi}{2}\nu - \frac{\pi}{4}\right) + O(z^{-1})\right] \quad \text{für} \quad 0 < z \to \infty, \tag{3.103}$$

$$H_\nu^{(1)}(z) = \sqrt{\frac{2}{\pi z}}\, e^{i\left(z - \frac{\pi}{2}\nu - \frac{\pi}{4}\right)}\,[1 + O(z^{-1})] \quad \text{für} \quad 0 < z \to \infty, \tag{3.104}$$

$$H_\nu^{(2)}(z) = \sqrt{\frac{2}{\pi z}}\, e^{-i\left(z - \frac{\pi}{2}\nu - \frac{\pi}{4}\right)}\,[1 + O(z^{-1})] \quad \text{für} \quad 0 < z \to \infty. \tag{3.105}$$

Wie für die Besselfunktionen (3.64) lassen sich auch diese Formeln auf gewisse Sektoren für $z$ ausdehnen. Sie bestätigen die These über die „Ähnlichkeit“ zwischen trigonometrischen und Besselfunktionen, die am Ende des vorangehenden Abschnitts aufgestellt wurde.

### 3.3.3. Rein imaginäres Argument. Modifizierte Besselsche Funktionen

Die Differentialgleichung

$$\frac{d^2w}{dz^2} + \frac{1}{z}\frac{dw}{dz} + \left(k^2 - \frac{\nu^2}{z^2}\right) w = 0 \tag{3.106}$$

besitzt die Zylinderfunktion $Z_\nu(kz)$ als Lösung. Setzen wir $k = i$, dann ist $Z_\nu(iz)$ Lösung der Differentialgleichung

$$\frac{d^2w}{dz^2} + \frac{1}{z}\frac{dw}{dz} - \left(1 + \frac{\nu^2}{z^2}\right) w = 0. \tag{3.107}$$

Diese Differentialgleichung kommt häufig in der mathematischen Physik vor. Wie wir gesehen haben, war gerade der Fall des rein imaginären Argumentes (dieser entsteht für $z$ reell) bei den Zylinderfunktionen immer besonders schwierig zu behandeln. Wählen wir zunächst die Besselfunktion $J_\nu(iz)$ als Lösung aus und benutzen deren Darstellung als Taylorreihe, so erhalten wir

$$J_\nu(iz) = \sum_{n=0}^{\infty} \frac{(-1)^n i^\nu i^{2n}}{n!\,\Gamma(\nu+n+1)}\left(\frac{z}{2}\right)^{\nu+2n} = i^\nu \sum_{n=0}^{\infty} \frac{1}{n!\,\Gamma(\nu+n+1)}\left(\frac{z}{2}\right)^{\nu+2n}$$

Für Anwendungen ist es nun wichtig, eine Lösung von (3.107) zu haben, die für $z > 0$ und reelles $\nu$ reell ist. Deshalb multiplizieren wir $J_\nu(iz)$ mit $i^{-\nu} = e^{-\frac{1}{2}\nu\pi i}$ und erhalten die *modifizierte Besselfunktion*

$$I_\nu(z) = e^{-\frac{1}{2}\nu\pi i}\, J_\nu(i\, z) = \sum_{n=0}^{\infty} \frac{1}{n!\, \Gamma(\nu + n + 1)} \left(\frac{z}{2}\right)^{\nu+2n}. \tag{3.108}$$

Selbstverständlich ist $I_\nu(z)$ Lösung von (3.107), und ist $\nu \notin \mathbf{G}$, also nicht ganzzahlig, so sind $I_\nu(z)$ und $I_{-\nu}(z)$ zwei linear unabhängige Lösungen dieser Differentialgleichung. Wählen wir nun $Z_\nu(z)$ gleich der Hankelschen Funktion $H_\nu^{(1)}(z)$, so gelangt man ebenfalls nachMultiplikation mit einem Faktor zur Lösung

$$\begin{aligned} K_\nu(z) &= \tfrac{1}{2}\pi i\, e^{\frac{1}{2}\nu\pi i} H_\nu^{(1)}(iz) \\ &= \tfrac{1}{2}\pi i\, e^{-\frac{1}{2}\nu\pi i}\, H_{-\nu}^{(1)}(iz). \end{aligned} \tag{3.109}$$

Mit Hilfe der Formeln (3.93) kann man den Zusammenhang zwischen den Funktionen $K_\nu(z)$ und $I_\nu(z)$ herstellen. Es ist:

$$K_\nu(z) = -\frac{1}{2}\pi \frac{I_{-\nu}(z) - I_\nu(z)}{\sin \nu z}. \tag{3.110}$$

In die asymptotische Formel

$$H_\nu^{(1)}(z) = \sqrt{\frac{2}{\pi z}}\, e^{i\left(z - \nu\frac{\pi}{2} - \frac{\pi}{4}\right)} [1 + O(|z|^{-1})], \tag{3.111}$$

die auch im gesamten Winkelraum $-\pi + \varepsilon < \operatorname{arc}(z) < \pi - \varepsilon$ für $\varepsilon > 0$ gilt, können wir anstelle von $z$ die Variable $iz$ mit $z > 0$ und $\operatorname{arc}(iz) = \frac{\pi}{2}$ einsetzen. Demnach erhält man durch Einsetzen in (3.109) eine asymptotische Formel für $K_\nu(z)$ für große $z > 0$

$$K_\nu(z) = \frac{1}{2}\pi i\, e^{\frac{1}{2}\nu\pi i} \sqrt{\frac{2}{\pi z}}\, e^{-\frac{\pi}{4}i}\, e^{i\left(iz - \nu\frac{\pi}{2} - \frac{\pi}{4}\right)} [1 + O(z^{-1})],$$

d. h.

$$K_\nu(z) = \sqrt{\frac{\pi}{2z}}\, e^{-z} [1 + O(z^{-1})] \quad \text{für} \quad z > 0. \tag{3.112}$$

Wegen dieser Eigenschaft des exponentiellen Abfallens von $K_\nu(z)$ für $0 < z \to +\infty$ besitzen die modifizierten Besselfunktionen $K_\nu(z)$ große Bedeutung bei der Anwendung auf physikalische Probleme.

Mit dieser Behandlung der modifizierten Besselfunktionen haben wir einen gewissen Abschluß erreicht.

## 3.4. Einige Anwendungen

### 3.4.1. Eine Randwertaufgabe der Potentialtheorie für einen Zylinder

Wir betrachten das folgende Randwertproblem der Potentialtheorie: Gesucht ist

$$u = u(r, z) \quad \text{mit} \quad u_{r=a} = 0, \qquad u_{z=0} = f_0(r), \qquad u_{z=l} = f_l(r) \quad \text{und} \quad \Delta u = 0.$$

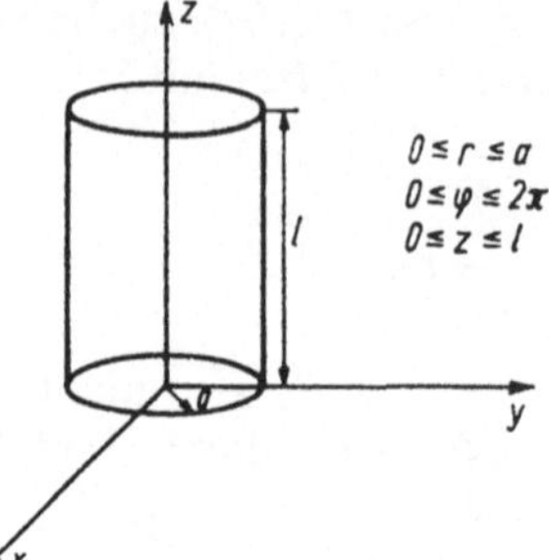


Bild 3.7. Kreiszylinder

Zur Lösung betrachten wir die Potentialgleichung in Zylinderkoordinaten, wobei vom Problem her bekannt sei, daß hier keine Abhängigkeit von $\varphi$ auftreten soll, d. h. $\frac{\partial u}{\partial \varphi} \equiv 0$ gilt. Demzufolge wird (3.6)

$$\frac{\partial^2 u}{\partial r^2} + \frac{1}{r}\frac{\partial u}{\partial r} + \frac{\partial^2 u}{\partial z^2} = 0.$$

Wir machen den Separationsansatz $u = R(r)\,Z(z)$ und erhalten

$$R''(r)\,Z(z) + \frac{1}{r}\,R'(r)\,Z(z) + R(r)\,Z''(z) = 0,$$

$$\frac{R''(r)}{R(r)} + \frac{1}{r}\,\frac{R'(r)}{R(r)} = -\,\frac{Z''(z)}{Z(z)} = -\lambda^2.$$

Nach dem schon in 3.1. vorgeführten Separationsschluß erhält man hieraus die beiden Differentialgleichungen

1) $\quad Z''(z) - \lambda^2 Z(z) = 0,$

2) $\quad R''(r) + \frac{1}{r}\,R'(r) + \lambda^2 R(r) = 0.$

Die erste Differentialgleichung besitzt die Lösung

$$Z = C\cosh\lambda z + D\sinh\lambda z,$$

die zweite geht nach der Variablentransformation $\varrho = \lambda r$ über in

$$\lambda^2 \bar{R}''(\varrho) + \frac{\lambda}{r}\,\bar{R}'(\varrho) + \lambda^2 \bar{R}(\varrho) = 0$$

oder mit $\bar{R}(\varrho) = R(\lambda r)$

$$\bar{R}''(\varrho) + \frac{1}{\varrho}\,\bar{R}'(\varrho) + \bar{R}(\varrho) = 0.$$

Vergleichen wir diese letzte Differentialgleichung mit (3.12), so sehen wir leicht, daß es sich um die Besselsche Differentialgleichung mit $k^2 = 0$ handelt. Allgemeine Lösung dieser Differentialgleichung ist deshalb

$$\bar{R}(\varrho) = AJ_0(\varrho) + BN_0(\varrho), \qquad \varrho \geqq 0,$$

wobei $J_0(\varrho)$, $N_0(\varrho)$ die Besselsche bzw. die Neumannsche Funktion zum Index 0 bezeichnen. Deshalb ist

$$R(r) = AJ_0(\lambda r) + BN_0(\lambda r).$$

Es gilt:

$$\lim_{r\to 0} J_0(\lambda r) = 1, \qquad \lim_{r\to 0} N_0(\lambda r) = \infty.$$

Da diese letzte Eigenschaft physikalisch nicht sinnvoll ist, folgt $B = 0$. Wir erhalten damit als Lösung von $\Delta u = 0$

$$u(r, z) = \alpha J_0(\lambda r) \cosh(\lambda z) + \beta J_0(\lambda r) \sinh(\lambda z).$$

Nun sind noch die Randbedingungen zu erfüllen. Betrachten wir zunächst $u|_{r=a} = u(a, z) = 0$ für alle $z$. Hieraus folgt als nichttriviale Lösung $J_0(\lambda a) = 0$. Da es abzählbar viele positive Nullstellen $x_n$ von $J_0(x)$ gibt, wählen wir die entsprechenden $\lambda_n$:

$$\lambda_n = \frac{x_n}{a}, \quad n = 1, 2, \ldots$$

Demzufolge erfüllen die abzählbar unendlich vielen Lösungen

$$u_n(r, z) = \alpha_n J_0\left(\frac{x_n r}{a}\right) \cosh\left(\frac{x_n z}{a}\right) + \beta_n J_0\left(\frac{x_n r}{a}\right) \sinh\left(\frac{x_n z}{a}\right)$$

die Gleichung $\Delta u_n = 0$ und $u_n(a, z) = 0$.

Falls $u(r, z) = \sum_{n=1}^{\infty} u_n(r, z)$ konvergiert, stellt diese Reihe ebenfalls eine Lösung von $\Delta u = 0$ mit $u(a, z) = 0$ dar. Nun sei Konvergenz vorausgesetzt. Dann bestimmen wir die noch freien Parameter $\alpha_n, \beta_n$, $n = 1, 2, \ldots$, so, daß auch die beiden anderen Randbedingungen erfüllt werden:

$$u(r, 0) = \sum_{n=1}^{\infty} u_n(r, 0) = f_0(r),$$

$$u(r, l) = \sum_{n=1}^{\infty} u_n(r, l) = f_l(r)$$

oder ausführlich

$$\sum_{n=1}^{\infty} \alpha_n J_0\left(\frac{x_n r}{a}\right) = f_0(r), \tag{3.113}$$

$$\sum_{n=1}^{\infty} \left(\alpha_n J_0\left(\frac{x_n - r}{a}\right) \cosh\left(\frac{x_n l}{a}\right) + \beta_n J_0\left(\frac{x_n - r}{a}\right) \sinh\left(\frac{x_n l}{a}\right)\right) = f_l(r). \tag{3.114}$$

Aus (3.113) werden die $\alpha_n$ und danach aus (3.114) die Koeffizienten $\beta_n$ bestimmt.

Mit Formel (3.77) haben wir die Orthogonalität der Besselfunktionen in folgendem Sinne festgestellt.

Es seien $z = k_1$ und $z = k_2$ zwei verschiedene positive Wurzeln von $J_\nu(zl) = 0$. Dann folgt

$$\int_0^l z J_\nu(k_1 z) J_\nu(k_2 z) \, dz = 0.$$

Speziell gilt also auch: Sind $r_1 = \frac{x_{n1}}{a}$ und $r_2 = \frac{x_{n2}}{a}$ zwei verschiedene positive Wurzeln von $J_0(ra) = 0$, dann gilt

$$\int_0^a r J_0\left(\frac{x_{n1}}{a} r\right) J_0\left(\frac{x_{n2}}{a} r\right) dr = 0, \quad a > 0. \tag{3.115}$$

Nachdem wir diese Orthogonalität kennen, ist die Bestimmung der $\alpha_n$ und $\beta_n$ unter Voraussetzung der Konvergenz der Reihen und Existenz der Integrale unproblematisch. Wir multiplizieren beide Seiten von (3.113) mit $r J_0\left(\frac{x_m}{a} r\right)$ und integrieren über $r$ von 0 bis $a$. Dann gilt

$$\int_0^a \sum_{n=1}^{\infty} \alpha_n r J_0\left(\frac{x_m}{a} r\right) J_0\left(\frac{x_n}{a} r\right) dr = \int_0^a r J_0\left(\frac{x_m}{a} r\right) f_0(r) \, dr.$$

Die linke Seite dieser Gleichung wird wegen der nach Voraussetzung erlaubten Vertauschung von Integration und Summation unter Ausnutzung der Orthogonalitätsrelation (3.115) zu

$$\sum_{n=1}^{\infty} \alpha_n \int_0^a rJ_0\left(\frac{x_m}{a}r\right) J_0\left(\frac{x_n}{a}r\right) \mathrm{d}r = \alpha_m \int_0^a rJ_0^2\left(\frac{x_m}{a}r\right) \mathrm{d}r.$$

Somit erhalten wir die $\alpha_n$ nach

$$\alpha_n = \frac{\int_0^a rJ_0\left(\frac{x_n}{a}r\right) f_0(r)\,\mathrm{d}r}{\int_0^a rJ_0^2\left(\frac{x_n}{a}r\right) \mathrm{d}r}.$$

Genauso verfährt man mit (3.114) und berechnet die $\beta_n$, wobei die $\alpha_n$ bereits bekannt sind. Als letzter Schritt bleibt nachzuprüfen, ob die mit den so ermittelten $\alpha_n$ und $\beta_n$ entstehende Lösung

$$u(r, z) = \sum_{n=1}^{\infty} \left(\alpha_n J_0\left(\frac{x_n r}{a}\right) \cosh\left(\frac{x_n z}{a}\right) + \beta_n J_0\left(\frac{x_n r}{a}\right) \sinh\left(\frac{x_n z}{a}\right)\right)$$

auch die geforderten Konvergenzbedingungen erfüllt.

*Bemerkung:* Das Ermitteln der $\alpha_n$ nach (3.113) ist mathematisch betrachtet die Frage der Entwicklung einer Funktion $f_0(r)$ in eine unendliche Reihe nach Besselfunktionen. Zur Theorie dieser Entwicklungen verweisen wir auf [1, 11]. Praktisch kann wie oben vorgegangen werden, da die Orthogonalität der Besselfunktionen bekannt ist. Man sollte aber stets auch die notwendigen Konvergenzuntersuchungen im Auge behalten.

### 3.4.2. Zum Problem der Stabknickung

Gegeben: einseitig eingespannter Stab, freies Ende bei $x = l$, konstanter Querschnitt $F$, axiales Flächenträgheitsmoment $I$, Massendichte $\varrho$.

Aufgabe: Unter Berücksichtigung der am oberen Ende angreifenden Kraft $P_0$ und des Eigengewichtes soll die Schwingungsdifferentialgleichung für $y(x, t)$ aufgestellt werden. $y(x, t)$–kleine Auslenkung aus der Ruhelage.

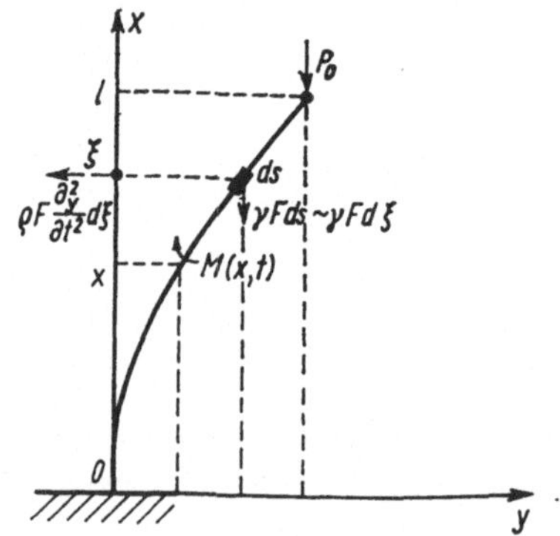


Bild 3.8. Stabknickung

Es gilt:

– Am Stabelement $\mathrm{d}s \approx \mathrm{d}\xi$ wirkt vertikal nach unten das Gewicht $\gamma F\,\mathrm{d}\xi$ mit $\varrho g = \gamma$.

– Horizontal wirkt die Trägheitskraft $\varrho F \frac{\partial^2 y}{\partial t^2}\,\mathrm{d}\xi$.

Als Moment der oberhalb der Stelle $x$ angreifenden Kräfte erhält man

$$M(x,t) = -P_0(y(l,t) - y(x,t)) - \gamma F \int_x^l (y(\xi,t) - y(x,t))\,\mathrm{d}\xi$$

$$+ \varrho F \int_x^l \frac{\partial^2 y(\xi,t)}{\partial t^2}(\xi - x)\,\mathrm{d}\xi = -EJ\frac{\partial^2 y(x,t)}{\partial x^2}.$$

Durch Differentiation nach $x$ folgt:

$$EJ\frac{\partial^3 y}{\partial x^3} = -P_0\frac{\partial y}{\partial x} - \gamma F \int_x^l \frac{\partial y(x,t)}{\partial x}\,d\xi + \varrho F \int_x^l \frac{\partial^2 y(\xi,t)}{\partial t^2}\,d\xi$$

$$= -P_0\frac{\partial y}{\partial x} - \gamma F(l - x)\frac{\partial y}{\partial x} + \varrho F \int_x^l \frac{\partial^2 y(\xi,t)}{\partial t^2}\,\mathrm{d}\xi.$$

Nochmaliges partielles Differenzieren nach $x$ liefert

$$EJ\frac{\partial^4 y}{\partial x^4} = -[P_0 + \gamma F(l - x)]\frac{\partial^2 y}{\partial x^2} + \gamma F\frac{\partial y}{\partial x} - \varrho F\frac{\partial^2 y}{\partial t^2}.$$

Wir erhalten also für $y(x,t)$ die lineare partielle Differentialgleichung 4. Ordnung

$$EJ\frac{\partial^4 y}{\partial x^4} + [P_0 + \gamma F(l - x)]\frac{\partial^2 y}{\partial x^2} - \gamma F\frac{\partial y}{\partial x} + \varrho F\frac{\partial^2 y}{\partial t^2} = 0.$$

Vernachlässigt man die Kraft $P_0$ ($P_0 = 0$) und läßt die Trägheitskräfte unberücksichtigt, so erhält man speziell mit

$$EJ\frac{\mathrm{d}^4 y}{\mathrm{d}x^4} + \gamma F\frac{\mathrm{d}}{\mathrm{d}x}\left[(l - x)\frac{\mathrm{d}y}{\mathrm{d}x}\right] = 0, \quad y = y(x), \tag{3.116}$$

die Differentialgleichung für die Knickung eines Stabes unter seinem Eigengewicht.

Um nun die Stabilität eines schweren, lotrechten Stabes mit konstantem Querschnitt $F$ und Länge $l$ zu ermitteln, gehen wir von der Differentialgleichung

$$EJ\tilde{w}''' + \gamma F(l - x)\,\tilde{w}' = 0$$

aus.

Hierzu wurde in (3.116) $y'$ durch $\tilde{w}$ ersetzt und der Term $-\gamma F\tilde{w}$ vernachlässigt. Mit $\tilde{w}' = \eta$ wird hieraus

$$\eta'' + A(l - x)\,\eta = 0 \quad \text{mit} \quad A = \frac{\gamma F}{EJ}.$$

Wir wenden hierauf die Variablensubstitution

$$\xi = \frac{2}{3}A^{\frac{1}{2}}(l - x)^{\frac{3}{2}}$$

an mit

$$\frac{\mathrm{d}\xi}{\mathrm{d}x} = -A^{\frac{1}{2}}(l - x)^{\frac{1}{2}}, \qquad (l - x) = \left(\frac{3}{2}\right)^{\frac{2}{3}} A^{-\frac{1}{3}}\xi^{\frac{2}{3}},$$

$$\frac{\mathrm{d}\eta}{\mathrm{d}x} = -\frac{\mathrm{d}\eta}{\mathrm{d}\xi}A^{\frac{1}{2}}(l - x)^{\frac{1}{2}},$$

$$\frac{\mathrm{d}^2\eta}{\mathrm{d}x^2} = \frac{1}{2}\frac{\mathrm{d}\eta}{\mathrm{d}\xi}A^{\frac{1}{2}}(l - x)^{-\frac{1}{2}} + \frac{\mathrm{d}^2\eta}{\mathrm{d}\xi^2}A(l - x).$$

Damit erhalten wir

$$\frac{d^2\eta}{d\xi^2} + \frac{1}{2}A^{-\frac{1}{2}}(l-x)^{-\frac{3}{2}}\frac{d\eta}{d\xi} + \eta = 0 \quad \text{oder} \quad \frac{d^2\eta}{d\xi^2} + \frac{1}{3\xi}\frac{d\eta}{d\xi} + \eta = 0.$$

Mittels der Substitution

$$\eta(\xi) = w(\xi)\,\xi^{\frac{1}{3}}$$

entsteht die Besselsche Differentialgleichung

$$w'' + \frac{1}{\xi}w' + \left(1 - \frac{1}{9\xi^2}\right)w = 0 \tag{3.117}$$

mit dem Parameter $\nu = \pm\frac{1}{3}$. Die allgemeine Lösung ist also

$$w(\xi) = C_1 J_{\frac{1}{3}}(\xi) + C_2 J_{-\frac{1}{3}}(\xi). \tag{3.118}$$

Indem wir die Substitutionen rückwärts ausführen erhalten wir

$$\eta(x) = y'(x) = C_1\left(\frac{\sqrt{A}}{3}\right)^{-\frac{1}{3}}(l-x)\sum_{n=0}^{\infty}\frac{\left(-\frac{A}{9}\right)^n(l-x)^{3n}}{n!\,\Gamma\left(\frac{4}{3}+n\right)}$$

$$+ C_2\left(\frac{\sqrt{A}}{3}\right)^{-\frac{1}{3}}\sum_{n=0}^{\infty}\frac{\left(-\frac{A}{9}\right)^n(l-x)^{3n}}{n!\,\Gamma\left(\frac{2}{3}+n\right)}. \tag{3.119}$$

Da das Biegemoment am freien Ende null ist, muß $y''(l) = 0$ sein. Einspannbedingungen sind $y(0) = y'(0) = 0$. Der erste Term von $y'(x)$ liefert bei nochmaliger Differentiation für $x = l$ einen festen Wert, der zweite verschwindet für $x = l$. Aus $y''(0) = 0$ folgt deshalb $C_1 = 0$. Der Einspannstelle $x = 0$ entspricht $\xi = \frac{2}{3}\sqrt{A}\,l^{\frac{3}{2}}$, so daß sich, falls $J_{-\frac{1}{3}}\left(\frac{2}{3}\sqrt{A}\,l^{\frac{3}{2}}\right)$ nicht null ist, $C_2 = 0$ ergibt. Das hieße aber $y = \text{const}$ oder wegen der zweiten Einspannbedingung $y \equiv 0$. Der nicht ausgelenkte Stab stellt deshalb eine stabile Gleichgewichtslage dar. Ist dagegen

$$J_{-\frac{1}{3}}\left(\tfrac{2}{3}\sqrt{A}\,l^{\frac{3}{2}}\right) = 0, \quad \text{also} \quad \tfrac{2}{3}\sqrt{A}\,l^{\frac{3}{2}} = \lambda_m \tag{3.120}$$

eine der positiven Nullstellen $\lambda_1, \lambda_2, \ldots$ von $J_{-\frac{1}{3}}(x)$, so braucht $C_2$ nicht 0 zu sein, und es werden Stabauslenkungen als Gleichgewichtslage möglich. Praktisch von Bedeutung ist nur der kleinste Wert $\lambda_1 = 1{,}87$. Die Knickbedingung

$$\tfrac{2}{3}\sqrt{A}\,l^{\frac{3}{2}} = 1{,}87$$

führt zur Knicklänge

$$l_k \approx 2\sqrt[3]{\frac{EJ}{\gamma F}}. \tag{3.121}$$

Derartige Knickvorgänge sind für die Praxis von Bedeutung. Auf hohe Schornsteine und auf Bohrgestänge im Bergbau sind solche Untersuchungen anwendbar.

### 3.4.3. Elektron im magnetischen Wechselfeld

Die Kraft $\boldsymbol{K}$, die ein magnetisches Feld $\boldsymbol{H}$ auf ein Elektron mit der Elementarladung $e$ und der Masse $m$ ausübt, ist 0, wenn das Elektron ruht, und nach den Gesetzen der Elektrodynamik gleich

$\boldsymbol{K} = e\boldsymbol{H} \times \boldsymbol{v}$, wenn es die Geschwindigkeit $\boldsymbol{v}$ besitzt. $H$ sei in Richtung der positiven $x$-Achse orientiert, und das Elektron befinde sich zur Zeit $t = 0$ im Ursprung mit

$$\dot{x}|_{t=0} = 0, \quad \dot{y}|_{t=0} = b, \quad \dot{z}|_{t=0} = 0.$$

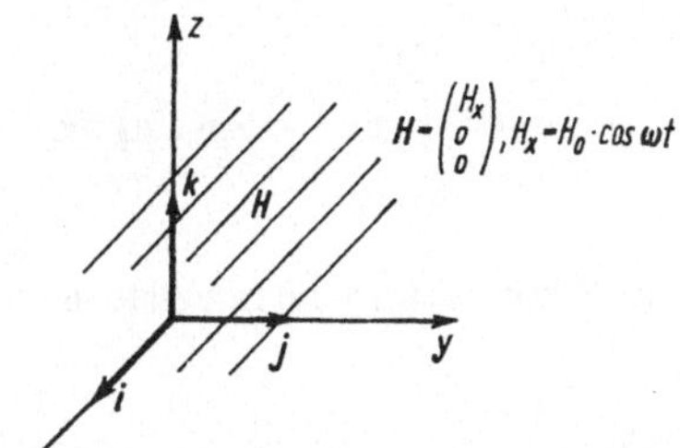


Bild 3.9. Elektron im magnetischen Feld

Das homogene magnetische Feld soll ein Wechselfeld mit der Kreisfrequenz $\omega$ entsprechend

$$H(t) = H_0 \cos \omega t$$

sein. Dann sind:

$$\boldsymbol{K} = m\frac{\mathrm{d}\boldsymbol{v}}{\mathrm{d}t} = m\ddot{x}\boldsymbol{i} + m\ddot{y}\boldsymbol{j} + m\ddot{z}\boldsymbol{k},$$

$$\boldsymbol{H} = H_0 \cos \omega t\, \boldsymbol{i},$$

$$\boldsymbol{v} = \dot{x}\boldsymbol{i} + \dot{y}\boldsymbol{j} + \dot{z}\boldsymbol{k}.$$

Hieraus folgt das Bewegungsgesetz

$$m\frac{\mathrm{d}\boldsymbol{v}}{\mathrm{d}t} = e\begin{vmatrix} \boldsymbol{i} & \boldsymbol{j} & \boldsymbol{k} \\ H_0 \cos \omega t & 0 & 0 \\ \dot{x} & \dot{y} & \dot{z} \end{vmatrix},$$

oder skalar geschrieben

$$\begin{aligned} \ddot{x} &= 0, \\ \ddot{y} &= -\frac{e}{m} H_0 \cos \omega t\, \dot{z}, \\ \ddot{z} &= \frac{e}{m} H_0 \cos \omega t\, \dot{y}. \end{aligned} \tag{3.122}$$

Aus $\ddot{x} = 0$ folgt $x = at + b$. Die Bedingung $\dot{x}|_{t=0} = 0$ ergibt $a = 0$, und aus $x|_{t=0} = 0$ erhält man $b = 0$. Also folgt $x \equiv 0$, und deshalb ist die $y,z$-Ebene die Bahnebene. Division der zweiten Gleichung von (3.122) durch die dritte ergibt

$$\ddot{y}\dot{y} + \ddot{z}\dot{z} = 0, \quad \text{d. h.} \quad \dot{y}^2 + \dot{z}^2 = \text{const.}$$

Einbau der Anfangsbedingungen: $\dot{y}^2 + \dot{z}^2 = b^2$. Die kinetische Energie des Elektrons ist deshalb während der Bewegung konstant. Da der Kraftvektor zu jeder Zeit senkrecht auf dem Geschwindigkeitsvektor steht, verrichtet das Feld $\boldsymbol{H}$ keine Arbeit. Ersetzt man in (3.122) $\dot{z}$ durch $(b^2 - \dot{y}^2)^{\frac{1}{2}}$, so folgt:

$$\frac{\ddot{y}}{\sqrt{b^2 - \dot{y}^2}} = -\frac{e}{m} H_0 \cos \omega t = -\alpha \cos \omega t.$$

Die Integration liefert

$$\dot{y} = b\cos\left(\frac{\alpha}{\omega}\sin\omega t\right), \qquad \dot{z} = b\sin\left(\frac{\alpha}{\omega}\sin\omega t\right),$$

und hieraus folgt

$$x \equiv 0, \qquad y = b\int_0^t \cos\left(\frac{\alpha}{\omega}\sin\omega\tau\right)d\tau, \qquad z = b\int_0^t \sin\left(\frac{\alpha}{\omega}\sin\omega\tau\right)d\tau \tag{3.123}$$

mit $\alpha = \frac{e}{m}H_0$. Alle Anfangsbedingungen sind erfüllt. Wir berechnen die Integrale in (3.123) durch Entwicklung der Erzeugenden nach (3.30)

$$\cos\left(\frac{\alpha}{\omega}\sin\omega t\right) = J_0\left(\frac{\alpha}{\omega}\right) + 2\sum_{n=1}^{\infty} J_{2n}\left(\frac{\alpha}{\omega}\right)\cos 2n\omega t,$$

$$\sin\left(\frac{\alpha}{\omega}\sin\omega t\right) = 2\sum_{n=0}^{\infty} J_{2n+1}\left(\frac{\alpha}{\omega}\right)\sin(2n+1)\,\omega t.$$

Setzt man diese Reihen in die obigen Integrale ein, vertauscht und führt die Integration durch, dann erhält man

$$y = btJ_0\left(\frac{\alpha}{\omega}\right) + \frac{b}{\omega}\sum_{n=1}^{\infty} J_{2n}\left(\frac{\alpha}{\omega}\right)\frac{\sin 2n\omega t}{n},$$

$$z = \frac{2b}{\omega}\sum_{n=0}^{\infty} J_{2n+1}\left(\frac{\alpha}{\omega}\right)\frac{1-\cos(2n+1)\,\omega t}{2n+1}. \tag{3.124}$$

Für den Physiker ist es nun wichtig, diese Bahnkurven zu diskutieren, d. h. die Lage des Elektrons jeweils nach Ablauf einer vollen Periode $T = \frac{2\pi}{\omega}$ des magnetischen Wechselfeldes festzustellen. Eine ausführliche Diskussion findet man in [4].

### 3.4.4. Kreisplatten auf elastischer Bettung bei nichtrotationssymmetrischer Belastung

Nachfolgend soll eine weitere Anwendungsproblematik nur angerissen werden. Eine ausführliche Darstellung findet man in [13]. Bei turmartigen Bauwerken, wie Schornsteinen und Fernsehtürmen, mit weit auskragenden Gründungsplatten kann i. allg. nicht von der Voraussetzung eines absolut starren Gründungskörpers und einer daraus resultierenden linearen Bodenpressung ausgegangen werden. Das Zusammenwirken von Bauwerk und Boden muß im Ansatz berücksichtigt werden, wobei außer den Lastfällen Eigengewicht und Nutzlast vor allem die Beanspruchung durch Wind

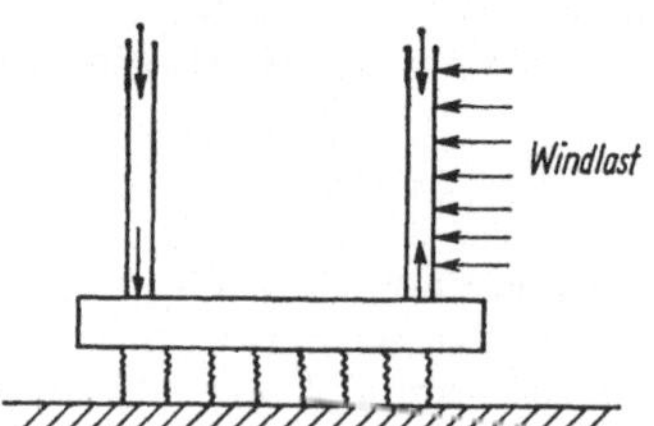


Bild 3.10 Kreisplatte auf elastischer Bettung

interessiert. Die Untersuchungen können sich dann auf sogenannte „Randangriffe" beschränken. Ausgehend von der durch das Bettungsglied ergänzten Kirchhoffschen Plattengleichung und den

Schnittkraftgleichungen erhält man nach gewissen Umformungen und Separation u. a. die Besselsche Differentialgleichung

$$\xi^2 \frac{d\overline{w}_\nu}{d\xi^2} + \xi \frac{d\overline{w}_\nu}{d\xi} + (\xi^2 - \nu^2)\, \overline{w}_\nu = 0, \quad \xi = x\sqrt{\mathrm{i}}.$$

für eine Funktion $\overline{w}_\nu(\xi)$, die von Interesse ist. Die allgemeine Lösung dieser Differentialgleichung ist

$$\overline{w}_\nu(x) = B_1 I_\nu\left(x\sqrt{\mathrm{i}}\right) + B_2 K_\nu\left(x\sqrt{\mathrm{i}}\right)$$

mit den modifizierten Besselfunktionen $I_\nu$ und $K_\nu$.

Wir bemerken noch, daß in physikalischer und technischer Literatur eine Fülle von Anwendungen der Zylinderfunktionen zu finden sind. So wird z. B. in [10] die Schwingung einer kreisförmigen Membran ausführlich mit Hilfe der Besselfunktionen behandelt.

# 4. Kugelfunktionen

## 4.1. Allgemeine Bemerkungen

Für eine Reihe von Anwendungen in der Physik und in der Technik sind – wie auch schon im Kapitel 3 betont – spezielle Lösungen der *Laplaceschen Differentialgleichung*

$$\Delta u = \frac{\partial^2 u}{\partial x^2} + \frac{\partial^2 u}{\partial y^2} + \frac{\partial^2 u}{\partial z^2} = 0 \tag{4.1}$$

von Bedeutung. Diese partielle Differentialgleichung wird auch als Potentialgleichung bezeichnet. Jede Lösung $u(x, y, z)$, die innerhalb eines Bereiches des $R^3$ eindeutig erklärt ist und dort stetige partielle Ableitungen 2. Ordnung besitzt, heißt *Potentialfunktion* oder *harmonische Funktion*. Der historische Ausgangspunkt für diese Bezeichnung liegt in der Theorie der Kraftfelder, die sich häufig durch Potentiale mit der erwähnten Eigenschaft beschreiben lassen.

Eine Funktion $f(x, y, z)$ heißt homogen vom $\nu$-ten Grade ($\nu$ reell), wenn für alle $x, y, z$ und $\lambda$ des Definitionsbereiches gilt

$$f(\lambda x, \lambda y, \lambda z) = \lambda^\nu f(x, y, z). \tag{4.2}$$

Ist nun eine Potentialfunktion zudem homogen vom $\nu$-ten Grade, so nennt man sie eine *Kugelfunktion* vom $\nu$-ten Grade. Die ersten Untersuchungen über diese Funktionen stammen von Laplace. Die Bezeichnung Kugelfunktion geht auf Gauß zurück, der ebenfalls zahlreiche Eigenschaften und Anwendungen entdeckte. Es erweist sich für die weiteren Betrachtungen als zweckmäßig, Kugelkoordinaten anstelle der kartesischen einzuführen (vgl. Band 4, 3.8.3.3.)

$$\begin{aligned} x &= r\cos\varphi\sin\vartheta, \\ y &= r\sin\varphi\sin\vartheta, \quad 0 \leqq r,\ 0 \leqq \varphi < 2\pi,\ 0 \leqq \vartheta \leqq \pi. \\ z &= r\cos\vartheta, \end{aligned} \tag{4.3}$$

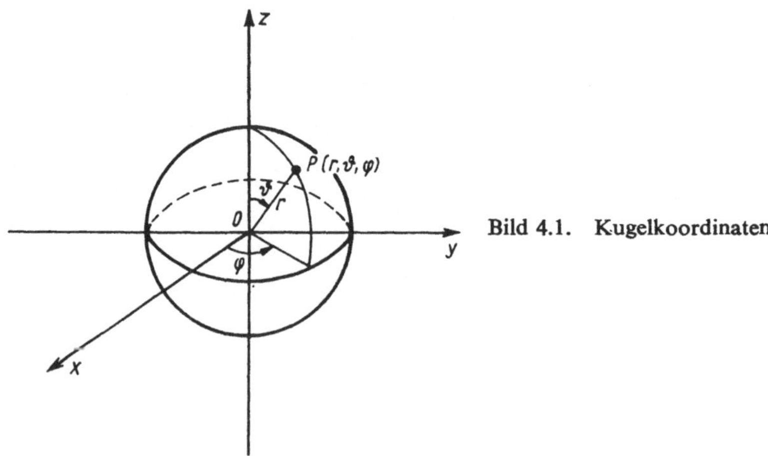


Bild 4.1. Kugelkoordinaten

Die Potentialgleichung (4.1) hat nach Einführung von Kugelkoordinaten nunmehr folgendes Aussehen:

$$\frac{\partial}{\partial r}\left(r^2 \frac{\partial u}{\partial r}\right) + \frac{1}{\sin\vartheta}\frac{\partial}{\partial\vartheta}\left(\sin\vartheta\frac{\partial u}{\partial\vartheta}\right) + \frac{1}{\sin^2\vartheta}\frac{\partial^2 u}{\partial\varphi^2} = 0. \tag{4.4}$$

Dabei wird $u$ jetzt als Funktion von $r, \vartheta, \varphi$ aufgefaßt. Hängt die Lösung nur von $r$ ab, so ergibt sich aus (4.4)

$$\frac{\mathrm{d}}{\mathrm{d}r}\left(r^2\frac{\mathrm{d}u}{\mathrm{d}r}\right) = 2r\frac{\mathrm{d}u}{\mathrm{d}r} + r^2\frac{\mathrm{d}^2u}{\mathrm{d}r^2} = 0. \tag{4.5}$$

Die allgemeine Lösung dieser gewöhnlichen Eulerschen Differentialgleichung [Band 7/1] gewinnt man aus dem Ansatz $u = r^\alpha$ und der sich daraus ergebenden charakteristischen Gleichung $\alpha(\alpha + 1) = 0$ zu

$$u = \frac{c_1}{r} + c_2.$$

Insbesondere hat man mit $u = \frac{1}{r} = \frac{1}{\sqrt{x^2 + y^2 + z^2}}$ eine Kugelfunktion vom Grade $-1$ gewonnen.

*Aufgabe 4.1:* Man begründe, daß die partiellen Ableitungen von $\frac{1}{r}$ ebenfalls Kugelfunktionen sind.

Wir wollen nun eine homogene Funktion $u_n$ vom $n$-ten Grade ($n$ ganz, positiv) betrachten. Dann gilt

$$\begin{aligned} u_n(x, y, z) &= u_n(r\cos\varphi\sin\vartheta, r\sin\varphi\sin\vartheta, r\cos\vartheta) \\ &= r^n u_n(\cos\varphi\sin\vartheta, \sin\varphi\sin\vartheta, \cos\vartheta) \\ &= r^n S_n(\vartheta, \varphi). \end{aligned} \tag{4.6}$$

Weiter wird

$$\begin{aligned} \frac{\partial}{\partial r}\left(r^2\frac{\partial u_n}{\partial r}\right) &= 2r\frac{\partial u_n}{\partial r} + r^2\frac{\partial^2 u_n}{\partial r^2} \\ &= 2rnr^{n-1}S_n + r^2 n(n-1)\, r^{n-2}S_n \\ &= 2nu_n + n(n-1)\, u_n = n(n+1)\, u_n. \end{aligned}$$

Setzen wir also $u_n = r^n S_n(\vartheta, \varphi)$ in (4.4) ein, so erhalten wir für $S_n(\vartheta, \varphi)$ die Differentialgleichung

$$n(n+1)\, S_n + \frac{1}{\sin\vartheta}\frac{\partial}{\partial\vartheta}\left(\sin\vartheta\frac{\partial S_n}{\partial\vartheta}\right) + \frac{1}{\sin^2\vartheta}\frac{\partial^2 S_n}{\partial\varphi^2} = 0. \tag{4.7}$$

Die Funktion $S_n(\vartheta, \varphi)$ hängt nur von $\vartheta$ und $\varphi$ ab, sie wird als die zu $u_n$ gehörige *Kugelflächenfunktion* oder *Laplacesche Kugelfunktion* bezeichnet. Ersetzt man in (4.7) $n$ durch $-(n + 1)$, so verändert sich die Differentialgleichung nicht. Mit $u_n$ genügt auch

$$u_{-n-1} = \frac{1}{r^{n+1}} S_n(\vartheta, \varphi) = \frac{u_n}{r^{2n+1}}$$

der Laplaceschen Differentialgleichung (4.5). Die Funktion $u_{-n-1}$ ist zudem homogen vom Grade $-n-1$, also ebenfalls eine Kugelfunktion. Zu jeder Kugelflächenfunktion $S_n$ gibt es demnach die beiden räumlichen Kugelfunktionen $u_n = r^n S_n$ und $u_{-n-1} = r^{-(2n+1)} S_n$. Von besonderer Bedeutung sind die ganzen rationalen Kugelfunktionen $n$-ten Grades, die sich aus in $x, y, z$ homogenen Polynomen der Dimension $n$ aufbauen.

*Beispiel 4.1:* Für $n = 2$ hat das allgemeine homogene Polynom die Gestalt:

$$u_2 = a_{200}x^2 + a_{110}xy + a_{020}y^2 + a_{101}xz + a_{011}yz + a_{002}z^2 = \sum_{i+j+k=2} a_{ijk}x^i y^j z^k.$$

Soll $u_2$ eine Kugelfunktion sein, so muß $\Delta u_2 = 0$ werden, und man erhält

$$\Delta u_2 = 2a_{200} + 2a_{020} + 2a_{002} = 0 \quad \text{oder} \quad a_{002} = -a_{200} - a_{020}.$$

Setzen wir dies in den Ausdruck für $u_2$ ein, so wird die gesuchte allgemeine ganze rationale Kugelfunktion 2. Grades:

$$u_2 = a_{200}(x^2 - z^2) + a_{020}(y^2 - z^2) + a_{110}xy + a_{101}xz + a_{011}yz = \sum_{\nu=1}^{5} c_\nu u_2^{(\nu)},$$

dargestellt als Entwicklung nach fünf linear unabhängigen Kugelfunktionen, also homogenen harmonischen Polynomen 2. Grades $x^2 - z^2$, $y^2 - z^2$, $xy$, $xz$ und $yz$.

*Aufgabe 4.2:* Man bestimme eine Entwicklung der allgemeinen ganzen rationalen Kugelfunktion 3. Grades nach linear unabhängigen homogenen harmonischen Polynomen 3. Grades.

Eine homogene ganze rationale Funktion $n$-ten Grades hat die Form

$$u_n = \sum_{\lambda+\mu+\nu=n} a_{\lambda\mu\nu} x^\lambda y^\mu z^\nu.$$

Die Anzahl der Koeffizienten ist $1 + 2 + \ldots + n + (n+1) = \dfrac{(n+1)(n+2)}{2}$, wie man leicht durch Abzählung der möglichen Indexkombinationen nachprüft. Soll $u_n$ eine Kugelfunktion sein, so muß die Bedingung $\Delta u_n = 0$ erfüllt werden. Es ist

$$\Delta u_n = \sum_{\lambda+\mu+\nu=n} \lambda(\lambda-1)\, a_{\lambda\mu\nu} x^{\lambda-2} y^\mu z^\nu + \sum_{\lambda+\mu+\nu=n} \mu(\mu-1)\, a_{\lambda\mu\nu} x^\lambda y^{\mu-2} z^\nu + \sum_{\lambda+\mu+\nu=n} \nu(\nu-1)\, a_{\lambda\mu\nu} x^\lambda y^\mu z^{\nu-2}.$$

Wenn wir in den entsprechenden Summen die Indizes $\lambda - 2 = \lambda'$, $\mu - 2 = \mu'$ und $\nu - 2 = \nu'$ setzen und danach die Striche bei $\lambda', \mu', \nu'$ wieder weglassen, so ergibt sich

$$\Delta u_n = \sum_{\lambda+\mu+\nu=n-2} [(\lambda+2)(\lambda+1)\, a_{\lambda+2,\mu,\nu} + (\mu+2)(\mu+1)\, a_{\lambda,\mu+2,\nu} + (\nu+2)(\nu+1)\, a_{\lambda,\mu,\nu+2}]\, x^\lambda y^\mu z^\nu.$$

Dieses Polynom $(n-2)$-Grades kann nur dann identisch für alle $x, y, z$ verschwinden, wenn die in den eckigen Klammern auftretenden Koeffizienten gleich null sind. Somis erhalten wir für die $a_{\lambda\mu\nu}$ insgesamt $\dfrac{(n-1)n}{2}$ homogene Gleichungen:

$$(\lambda+2)(\lambda+1)\, a_{\lambda+2,\mu,\nu} + (\mu+2)(\mu+1)\, a_{\lambda,\mu+2,\nu} + (\nu+2)(\nu+1)\, a_{\lambda,\mu,\nu+2} = 0$$

mit $\lambda + \mu + \nu = n - 2$.

Es bleiben also höchstens $\frac{(n+1)(n+2)}{2} - \frac{(n-1)n}{2} = 2n + 1$ frei wählbare unabhängige Koeffizienten $a_{\lambda\mu\nu}$ von $u_n$. Die allgemeine ganze rationale Kugelfunktion $n$-ten Grades kann also in der Form

$$u_n = \sum_{\nu=1}^{2n+1} c_\nu u_n^{(\nu)} \tag{4.8}$$

mit beliebigen reellen Konstanten $c_\nu$ dargestellt werden. Dabei sind die homogenen Polynome $u_n^{(\nu)}$ selbst Kugelfunktionen, denn mit $\Delta u_n = 0$ muß auch $\Delta u_n^{(\nu)}$ ($\nu = 1, 2, \ldots, 2n + 1$) verschwinden, da die $c_\nu$ willkürliche Konstanten sind. Somit gibt es höchstens $2n + 1$ linear unabhängige ganze rationale Kugelfunktionen $n$-ten Grades $u_n^{(\nu)}(x, y, z)$, aus denen sich alle übrigen linear zusammensetzen lassen.

## 4.2. Zonale Kugelfunktionen

Wir suchen zunächst für die Differentialgleichung (4.7) solche Lösungen $S_n(\vartheta)$, die nur von $\vartheta$ abhängen. Diese werden als *zonale Kugelfunktionen* bezeichnet, da ihre „Nullinien" auf der Kugeloberfläche parallel zum Äquator liegende Kreise sind, die die Oberfläche in Kugelzonen einteilen. Die Differentialgleichung wird dann

$$\frac{1}{\sin\vartheta}\frac{\mathrm{d}}{\mathrm{d}\vartheta}\left(\sin\vartheta\frac{\mathrm{d}S_n}{\mathrm{d}\vartheta}\right) + n(n+1)\,S_n = 0. \tag{4.9}$$

Weiter ersetzen wir nun $\vartheta$ durch $t = \cos\vartheta$ und $S_n(\vartheta)$ durch $P_n(\cos\vartheta) = P_n(t)$. Damit wird $\frac{\mathrm{d}z}{\mathrm{d}\vartheta} = \frac{\mathrm{d}z}{\mathrm{d}t}\frac{\mathrm{d}t}{\mathrm{d}\vartheta} = -\frac{\mathrm{d}z}{\mathrm{d}t}\sin\vartheta$, und (4.9) geht mit $\sin^2\vartheta = 1 - t^2$ über in

$$\frac{\mathrm{d}}{\mathrm{d}t}\left[(1-t^2)\frac{\mathrm{d}P_n}{\mathrm{d}t}\right] + n(n+1)\,P_n = 0 \tag{4.10}$$

oder

$$(1-t^2)\frac{\mathrm{d}^2P_n}{\mathrm{d}t^2} - 2t\frac{\mathrm{d}P_n}{\mathrm{d}t} + n(n+1)\,P_n = 0. \tag{4.11}$$

Das ist die *Legendresche Differentialgleichung* für die Funktion $P_n(t)$.

### 4.2.1. Legendresche Polynome

Wir setzen für die Lösung von (4.11) eine Potenzreihe an:

$$P_n(t) = \sum_{k=0}^{\infty} c_k t^k. \tag{4.12}$$

Mit

$$P_n'(t) = \sum_{k=1}^{\infty} c_k k t^{k-1} = \sum_{k=0}^{\infty} c_{k+1}(k+1)\,t^k$$

und

$$P''(t) = \sum_{k=1}^{\infty} c_{k+1}(k+1)\,k t^{k-1} = \sum_{k=0}^{\infty} c_{k+2}(k+2)(k+1)\,t^k$$

ergibt sich nach Einsetzen dieser Ausdrücke in (4.11) für den Koeffizienten von $t^k$

$$c_{k+2}(k+2)(k+1) - c_k k(k-1) - 2c_k k + c_k n(n+1) = 0, \quad c_k \geqq 0,$$

und damit die Rekursionsvorschrift für die Koeffizienten

$$c_{k+2} = \frac{k(k+1) - n(n+1)}{(k+2)(k+1)} c_k = -\frac{(n-k)(n+k+1)}{(k+2)(k+1)} c_k. \tag{4.13}$$

Bei fortlaufender Anwendung ergibt sich nun daraus für $k = 2l$:

$$c_{2l} = (-1)^l \frac{n(n-2)(n-4)\dots(n-2l+2)(n+1)(n+3)\dots(n+2l-1)}{(2l)!} c_0,$$

und für $k = 2l + 1$:

$$c_{2l+1} = (-1)^l \frac{(n-1)(n-3)\dots(n-2l+1)(n+2)(n+4)\dots(n+2l)}{(2l+1)!} c_1.$$

Wir erhalten zwei linear unabhängige Lösungen, wenn wir einmal $c_0 \neq 0$, $c_1 = 0$ und dann $c_0 = 0$, $c_1 \neq 0$ setzen, nämlich

$$c_0 \sum_{k=0}^{\infty} (-1)^k n(n-2)\dots(n-2k+2)(n+1)(n+3) \dots (n+2k-1)\frac{t^{2k}}{(2k)!}$$

und

$$c_1 \sum_{k=0}^{\infty} (-1)^k (n-1)(n-3)\dots(n-2k+1)(n+2)(n+4) \dots (n+2k)\frac{t^{2k+1}}{(2k+1)!}.$$

Die beiden Reihen konvergieren für $|t| < 1$ und sind damit tatsächlich Lösungen von (4.11), wie wir der Theorie der gewöhnlichen Differentialgleichungen entnehmen [Band 7/2].

Die erste Reihe bricht bei geradem $n$ für $k = \frac{n}{2}$ ab, die zweite bei ungeradem $n$ für $k = \frac{n-1}{2}$. Die Differentialgleichung (4.11) besitzt also für jedes $n$ eine Polynomlösung $n$-ten Grades, für die wir die Bezeichnung $P_n(t)$ vorbehalten wollen.

Es sei an dieser Stelle ausdrücklich darauf hingewiesen, daß wir damit zunächst für festes $n$ nicht die allgemeine Lösung der Differentialgleichung angegeben haben, die ja von 2. Ordnung ist.

Indem wir die Rekursionsformel (4.13) für die Koeffizienten in umgekehrter Richtung anwenden, gewinnen wir für die genannten Polynome eine einheitliche Darstellung.

Die einheitliche Darstellung für die Polynomlösungen $P_n(t)$ lautet

$$P_n(t) = c_n \sum_{l=0}^{\left[\frac{n}{2}\right]} d_{n-2l}\, t^{n-2l},$$

wobei $c_{n-2l} = d_{n-2l} c_n$ ist. Die eckige Klammer bedeutet das Gaußsche Klammersymbol, wonach $\left[\frac{n}{2}\right]$ die größte ganze Zahl kleiner oder gleich $\frac{n}{2}$ ist. Der Koeffizient $d_{n-2l}$ läßt sich wie folgt umformen

$$\begin{aligned} d_{n-2l} &= (-1)^l \frac{n(n-1)(n-2)\dots(n-2l+1)}{2\cdot 4\cdot 6\dots(2l)(2n-1)(2n-3)\dots(2n-2l+1)} \\ &= (-1)^l \frac{1}{2^l l!} \frac{n!}{(n-2l)!} \frac{(2n-2l)!\, n!\, 2^l}{(2n)!\,(n-l)!} \\ &= (-1)^l \binom{n}{l} \frac{(2n-2l)!}{(n-2l)!} \frac{n!}{(2n)!}, \end{aligned}$$

und damit wird

$$\begin{aligned} P_n(t) &= c_n \frac{n!}{(2n)!} \sum_{l=0}^{\left[\frac{n}{2}\right]} (-1)^l \binom{n}{l} \frac{(2n-2l)!}{(n-2l)!} t^{n-2l} \\ &= c_n \left[ t^n - \frac{n(n-1)}{2(2n-1)} t^{n-2} + \frac{n(n-1)(n-2)(n-3)}{2\cdot 4(2n-1)(2n-3)} t^{n-4} \mp \dots \right]. \end{aligned} \tag{4.14}$$

Nach einer noch vorzunehmenden Fixierung der Konstanten $c_n$ sind die Funktionen $P_n(t)$ die Legendreschen Polynome.

### Erzeugende Funktion

Zur Berechnung eines Potentials wird häufig der reziproke Abstand $\frac{1}{\varrho}$ (Bild 4.2) zweier Punkte benötigt. Wir werden jetzt diese reziproken Entfernungen in Potenzreihen entwickeln, wobei sich die entstehenden Koeffizienten als die *Legendreschen Polynome* erweisen. Damit haben wir einen weiteren Zugang zu diesen Funktionen gefunden.

Der Punkt $P$ habe den Abstand $r < 1$, der Punkt $Q$ den Abstand 1 vom Nullpunkt; die beiden zugehörigen Radiusvektoren schließen den Winkel $\vartheta$ ein. Dann ist die Entfernung $\varrho$ der Punkte $P$ und $Q$ gegeben durch:

$$\varrho = \sqrt{1 + r^2 - 2r\cos\vartheta}\,.$$

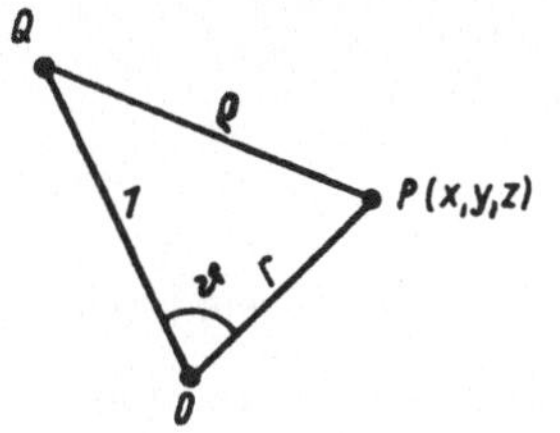

Bild 4.2. Entfernung $\varrho$ der Punkte $P$ und $Q$

Wir setzen $\cos\vartheta = t$ und entwickeln $\frac{1}{\varrho}$ in eine Potenzreihe nach $r$:

$$\frac{1}{\varrho} = \frac{1}{\sqrt{1 + r^2 - 2rt}} = \sum_{n=0}^{\infty} P_n(t)\, r^n, \tag{4.15}$$

wobei wir die Entwicklungskoeffizienten mit $P_n(t)$ bezeichnen. Um diese Entwicklung im einzelnen durchzuführen, setzen wir $z = 2rt - r^2$ und erhalten bei Anwendung der Taylorschen Entwicklung [Band 2, 3]:

$$\frac{1}{\sqrt{1-z}} = (1-z)^{-\frac{1}{2}} = \sum_{m=0}^{\infty} \binom{-\frac{1}{2}}{m} z^m(-1)^m = 1 + \frac{1}{2}z + \frac{1\cdot 3}{2\cdot 4}z^2 + \ldots + \frac{1\cdot 3\cdot 5\ldots(2m-1)}{2\cdot 4\cdot 6\ldots 2m}t^m + \ldots$$

oder mit $z = 2rt - r^2$:

$$\frac{1}{\varrho} = [1-(2rt-r^2)]^{-\frac{1}{2}} = 1 + \frac{1}{2}r(2t-r) + \frac{1\cdot 3}{2\cdot 4}r^2(2t-r)^2 + \ldots + \frac{1\cdot 3\cdot 5\ldots(2m-1)}{2\cdot 4\cdot 6\ldots 2m}r^m(2t-r)^m + \ldots$$

Die Konvergenzbedingung $|z| < 1$ ist für diejenigen $r$ und $t$ mit $r > 0$ und $|t| \leqq 1$ sicher erfüllt, für die $|2rt - r^2| \leqq 2r|t| + r^2 \leqq 2r + r^2 < 1$ gilt, also für $r < \sqrt{2} - 1$ und $|t| \leqq 1$.

Da somit die Reihe für die angegebenen $r$, $t$ absolut konvergiert, ist sie auch nach Lösung der Klammern absolut konvergent, also eine Umordnung der Glieder erlaubt. Nach dem binomischen Satz gilt

$$(2t-r)^m = (2t)^m - \binom{m}{1}(2t)^{m-1}r + \ldots + (-1)^m r^m = \sum_{l=0}^{m}(-1)^l\binom{m}{l}(2t)^{m-l}r^l$$

und somit

$$\begin{aligned}\frac{1}{\varrho} &= 1 + \sum_{m=1}^{\infty}\frac{1\cdot 3\ldots(2m-1)}{2\cdot 4\ldots 2m}r^m(2t-r)^m \\ &= 1 + \sum_{m=1}^{\infty}\frac{1\cdot 3\ldots(2m-1)}{2\cdot 4\ldots 2m}r^m\sum_{l=0}^{m}(-1)^l\binom{m}{l}(2t)^{m-l}r^l \\ &= 1 + \sum_{m=1}^{\infty}r^m\sum_{l=0}^{m}C_{l,m}(t)\,r^l.\end{aligned}$$

Um eine Reihe in $r$ zu erhalten, fassen wir alle Glieder mit $r^n$ zusammen, dabei gilt $m + l = n$ oder $m = n - l$ mit $0 \leqq l \leqq m$. Der Zählindex $l$ läuft von 0 bis $\left[\frac{n}{2}\right]$, wie man sich leicht verständlich macht. Somit wird

$$\frac{1}{\varrho} = 1 + \sum_{n=1}^{\infty}r^n\sum_{l=0}^{\left[\frac{n}{2}\right]}C_{l,m-l}(t) = \sum_{n=0}^{\infty}r^nP_n(t) \quad \text{mit} \quad P_0(t) = 1.$$

Für $C_{l,n-l}(t)$ finden wir:

$$C_{l,n-l}(t) = \frac{1\cdot 3 \ldots (2n-2l-1)}{2\cdot 4 \ldots (2n-2l)} (-1)^l \binom{n-l}{l} 2^{n-2l} t^{n-2l}$$
$$= (-1)^l \frac{(n-l)!}{(n-2l)!\, l!} \frac{(2n-2l)!}{2^{m-l}(n-l)!\, 2^{n-l}(n-l)!} 2^{n-2l} t^{n-2l}$$
$$= (-1)^l \frac{1}{2^n n!} \binom{n}{l} \frac{(2n-2l)!}{(n-2l)!} t^{n-2l},$$

und somit erhalten wir

$$P_n(t) = \frac{1}{2^n n!} \sum_{l=0}^{\left[\frac{n}{2}\right]} (-1)^l \binom{n}{l} \frac{(2n-2l)!}{(n-2l)!} t^{n-2l}. \tag{4.16}$$

Dies sind die *Legendreschen Polynome*, $\frac{1}{\varrho}$ wird auch *erzeugende Funktion* genannt. Setzen wir nun in (4.14)

$$c_n = \frac{(2n)!}{2^n (n!)^2} = \frac{1\cdot 3\cdot 5 \ldots (2n-1)}{n!}, \tag{4.17}$$

so ergibt sich Übereinstimmung der beiden Formelausdrücke für die Funktion $P_n(t)$.

Mithin geht (4.14) über in:

$$P_n(t) = \frac{1\cdot 3\cdot 5 \ldots (2n-1)}{n!} \left[ t^n - \frac{n(n-1)}{2\cdot(2n-1)} t^{n-2} + \frac{n(n-1)(n-2)(n-3)}{2\cdot 4\cdot (2n-1)(2n-3)} t^{n-4} \pm \ldots \right]. \tag{4.18}$$

***Beispiel 4.2*** (siehe auch (1.16)):

$$P_0(t) = 1, \quad P_1(t) = t, \quad P_2(t) = \frac{1\cdot 3}{2!}\left(t^2 - \frac{1}{3}\right) = \frac{3}{2}t^2 - \frac{1}{2} = \frac{1}{2}(3t^2 - 1),$$
$$P_3(t) = \frac{1\cdot 3\cdot 5}{3!}\left(t^3 - \frac{3}{5}t\right) = \frac{5}{2}t^3 - \frac{3}{2}t = \frac{1}{2}(5t^3 - 3t),$$
$$P_4(t) = \frac{1\cdot 3\cdot 5\cdot 7}{4!}\left(t^4 - \frac{6}{7}t^2 + \frac{3}{35}\right) = \frac{35}{8}t^4 - \frac{15}{4}t^2 + \frac{3}{8} = \frac{1}{8}(35t^4 - 30t^2 + 3),$$
$$P_5(t) = \frac{1}{8}(63t^5 - 70t^3 + 15t), \qquad P_6(t) = \frac{1}{16}(231t^6 - 315t^4 + 105t^2 - 5).$$

Aus dem Zusammenhang mit der erzeugenden Funktion $\frac{1}{\varrho}$ ergibt sich für

$$\vartheta = 0,\ t = 1;\ \frac{1}{\varrho} = \frac{1}{1-r} = \sum_{r=0}^{\infty} r^n;\ P_n(1) = 1, \tag{4.19a}$$

$$\vartheta = \pi,\ t = -1;\ \frac{1}{\varrho} = \frac{1}{1-r} = \sum_{r=0}^{\infty} (-1)^n r^n;\ P_n(-1) = (-1)^n, \tag{4.19b}$$

$$\vartheta = \frac{\pi}{2},\ t = 0;\ \frac{1}{\varrho} = \frac{1}{(1+r^2)^{-\frac{1}{2}}} = \sum_{r=0}^{\infty} \binom{-\frac{1}{2}}{n} r^{2n};\ P_{2n+1}(0) = 0 \quad \text{und}$$

$$P_{2n}(0) = (-1)^n \frac{1\cdot 3\cdot 5 \ldots (2n-1)}{2\cdot 4 \ldots 2n}. \tag{4.19c}$$

Ferner zeigt der Ausdruck (4.18) unmittelbar, daß $P_{2n}(t)$ ein gerades und $P_{2n+1}(t)$ ein ungerades Polynom ist. Die Entwicklung (4.15) gestattet die Herleitung einer Reihe wichtiger Eigenschaften der Legendreschen Polynome.

### 4.2.2. Eigenschaften der Legendreschen Polynome

**Fourierentwicklung**

Schreibt man

$$\varrho^2 = 1 + r^2 - 2r\cos\vartheta = (1 - r\,e^{i\vartheta})(1 - r\,e^{-i\vartheta}),$$

so gewinnt man zunächst

$$\frac{1}{\varrho} = (1 - r\,e^{i\vartheta})^{-\frac{1}{2}}(1 - r\,e^{-i\vartheta})^{-\frac{1}{2}}$$

$$= \left(\sum_{n=0}^{\infty} \alpha_n r^n e^{in\vartheta}\right)\left(\sum_{n=0}^{\infty} \alpha_n r^n e^{-in\vartheta}\right)$$

$$\text{mit}\quad \alpha_n = (-1)^n \binom{-\frac{1}{2}}{n} = \frac{1\cdot 3\ldots(2n-1)}{2\cdot 4\ldots 2n}.$$

Wegen der Konvergenz der beiden Reihen für $r < 1$ kann man sie wie folgt umformen:

$$(\alpha_0 + \alpha_1 e^{i\vartheta} + \alpha_2 e^{i2\vartheta} + \ldots + \alpha_n e^{in\vartheta} + \ldots)(\alpha_0 + \alpha_1 e^{-i\vartheta} + \alpha_2 e^{-i2\vartheta} + \ldots + \alpha_n e^{-in\vartheta} + \ldots)$$

$$= \sum_{n=0}^{\infty} [2\alpha_0\alpha_n \cos n\vartheta + 2\alpha_1\alpha_{n-1}\cos(n-2)\vartheta + 2\alpha_2\alpha_{n-4}\cos(n-4)\vartheta + \ldots]\,r^n$$

$$= \sum_{n=0}^{\infty} P_n(\cos\vartheta)\,r^n \qquad \text{(nach (4.15))}.$$

Somit gewinnen wir die Fourierentwicklung

$$P_n(\cos\vartheta) = 2\alpha_0\alpha_n\cos n\vartheta + 2\alpha_1\alpha_{n-1}\cos(n-2)\vartheta + 2\alpha_2\alpha_{n-4}\cos(n-4)\vartheta + \ldots + \begin{cases}\alpha^2_{\frac{n}{2}} & \text{für } n \text{ gerade}\\ 2\alpha_{\frac{n-1}{2}}\alpha_{\frac{n+1}{2}}\cos\vartheta & \text{für } n \text{ ungerade}\end{cases} \tag{4.20}$$

oder

$$P_n(\cos\vartheta) = 2\frac{1\cdot 3\ldots(2n-1)}{2\cdot 4\ldots(2n)}\left[\cos n\vartheta + \frac{1n}{1(2n-1)}\cos(n-2)\vartheta + \frac{1\cdot 3\,n(n-1)}{1\cdot 2(2n-1)(2n-3)}\cos(n-4)\vartheta + \ldots\right]. \tag{4.21}$$

Die Koeffizienten $\beta_\nu^{(n)}$ in (4.20) sind alle positiv, so daß wir folgern können:

$$|P_n(\cos\vartheta)| \leqq \beta_n^{(n)}|\cos n\vartheta| + \beta_{n-2}^{(n)}|\cos(n-2)\vartheta| + \ldots$$
$$\leqq \beta_n^{(n)} + \beta_{n-2}^{(n)} + \ldots = P_n(1) = 1,$$

also gilt

$$|P_n(t)| \leqq 1. \tag{4.22}$$

Damit ergibt sich für die Konvergenz von (4.15) mit $|r| \leqq q < 1$:

$$\sum_{n=0}^{\infty} |P_n(t)|\,|r|^n \leqq \sum_{n=0}^{\infty} q^n,$$

d. h., die Reihe (4.15) konvergiert absolut und gleichmäßig für $|t| \leqq 1$ ($t$ reell) und alle $|r| \leqq q$ mit festem $q$, $0 < q < 1$. Dabei sei bemerkt, daß $r$ auch komplex sein kann.

**Rekursionsformeln**

Es werden jetzt Beziehungen zwischen zonalen Kugelfunktionen verschiedener Ordnung gewonnen, die sich auch als Rekursionsformeln interpretieren lassen. Aus (4.15) erhält man bei Differentiationen beider Seiten nach $r$:

$$\frac{\partial \frac{1}{\varrho}}{\partial r} = \frac{1}{\varrho^3}(t - r) = \sum_{n=0}^{\infty} nP_n(t)\, r^{n-1}$$

oder

$$(t - r)\frac{1}{\varrho} = \varrho^2 \sum_{n=0}^{\infty} nP_n(t)\, r^{n-1},$$

$$(t - r)\sum_{n=0}^{\infty} P_n(t)\, r^n = (1 - 2rt + r^2)\sum_{n=0}^{\infty} nP_n(t)\, r^{n-1},$$

$$\begin{aligned}(t - r)\,[P_0(t) + P_1(t)\, r + P_2(t)\, r^2 + \ldots + P_{n-1}(t)\, r^{n-1} + P_n(t)\, r^n + \ldots]\\ = (1 - 2rt + r^2)\,[P_1(t) + 2P_2(t)\, r + \ldots + (n-1)\, P_{n-1}(t)\, r^{n-2}\\ + nP_n(t)\, r^{n-1} + (n+1)\, P_{n+1}(t)\, r^n + \ldots].\end{aligned}$$

Der Koeffizientenvergleich für $r^n$ ergibt nach dem Identitätssatz:

$$tP_n(t) - P_{n-1}(t) = (n+1)\, P_{n+1}(t) - 2ntP_n(t) + (n-1)\, P_{n-1}(t),$$

$$(2n + 1)\, tP_n(t) = (n+1)\, P_{n+1}(t) + nP_{n-1}(t) \tag{4.23}$$

(*Formel von Bonnet*). Sie gilt auch für $n = 0$, wenn man $P_{-1} = 0$ setzt. In der Form $(n + 1)\, P_{n+1}(t) = (2n + 1)\, tP_1(t) - nP_{n-1}(t)$ kann man sie mit $P_0 = 1$ und $P_1 = t$ für die Gewinnung der Legendreschen Polynome benutzen, z. B. für $n = 1$:

$$2P_2(t) = 3tP_1(t) - P_0(t) = 3t^2 - 1,$$

also $P_2(t) = \frac{3}{2}t^2 - \frac{1}{2}$ usf.

Differenziert man in (4.15) beide Seiten nach $t$ – die Berechtigung hierfür ergibt sich aus Konvergenzbetrachtungen in Komplexen –, so erhält man

$$\frac{\partial \frac{1}{\varrho}}{\partial t} = \frac{r}{\varrho^3} = \sum_{n=0}^{\infty} P_n'(t)\, r^n$$

oder

$$r\sum_{n=0}^{\infty} P_n(t)\, r^n = (1 - 2rt + r^2)\sum_{n=0}^{\infty} P_n'(t)\, r^n.$$

Der Vergleich der Koeffizienten für $r^{n+1}$ ergibt jetzt:

$$P_n(t) = P'_{n+1}(t) - 2tP'_n(t) + P'_{n-1}(t). \tag{4.24}$$

Diese Formel gilt auch für $n = 0$ ($P'_{-1} = 0$).

Durch Differentiation von (4.23) nach $t$ erhalten wir

$$(2n + 1)\, P_n(t) = (n + 1)\, P'_{n+1}(t) + nP'_{n-1}(t) - (2n + 1)\, tP'_n(t).$$

Ersetzen wir nach (4.24) $P'_{n+1}(t)$, so wird

$$(2n + 1)\, P_n(t) = (n + 1)\, [P_n(t) + 2tP'_n(t) - P'_{n-1}(t)] + nP'_{n-1}(t) \\ - (2n + 1)\, tP'_n(t),$$

also

$$nP_n(t) = tP'_n(t) - P'_{n-1}(t). \tag{4.25}$$

Setzen wir $tP'_n = nP_n + P'_{n-1}$ in (4.24) ein, so ergibt sich:

$$(2n + 1)\, P_n(t) = P'_{n+1}(t) - P'_{n-1}(t), \tag{4.26}$$

und schließlich ersetzen wir in (4.24) $P'_{n-1}$ aus (4.25), das ergibt

$$(n + 1)\, P_n(t) = P'_{n+1}(t) - tP'_n(t). \tag{4.27}$$

Die Formeln (4.25), (4.26), (4.27) gelten ebenfalls für $n = 0$, wenn man $P_{-1} = 0$ beachtet.

*Aufgabe 4.3:* Man leite die Differentialgleichung (4.11) für $P_n(t)$ aus den angegebenen Rekursionsformeln her.

*Aufgabe 4.4:* Man entwickle aus (4.26) die Formel

$$P'_n(t) = \sum_{k=1}^{\left[\frac{n+1}{2}\right]} (2n - 4k + 3)\, P_{n-2k+1}(t). \tag{4.28}$$

**Orthogonalität**

Die Orthogonalität der Legendreschen Polynome (siehe auch Abschnitt 1.1.4.) läßt sich jetzt ebenfalls unter Verwendung von (4.15) sehr einfach nachweisen. Es gilt nämlich

$$\frac{1}{\sqrt{1 - r^2 - 2rt}}\,\frac{1}{\sqrt{1 + s^2 - 2st}} = \sum_{n=0}^{\infty} P_n(t)\, r^n \sum_{m=0}^{\infty} P_m(t)\, s^m \\ = \sum_{n,m=0}^{\infty} P_n(t)\, P_m(t)\, r^n s^m.$$

Die Integration der linken Seite von $-1$ bis $+1$ ergibt:

$$\int_{-1}^{+1} \frac{dt}{\sqrt{1 + r^2 - 2rt}\,\sqrt{1 + s^2 - 2st}}$$

$$= -\frac{1}{\sqrt{rs}} \ln \left[\sqrt{2s(1 + r^2 - 2rt)} + \sqrt{2r(1 + s^2 - 2st)}\,\right]_{t=-1}^{+1}$$

$$= \frac{1}{\sqrt{rs}} \ln \frac{\sqrt{s}(1 + r) + \sqrt{r}(1 + s)}{\sqrt{s}(1 - r) + \sqrt{r}(1 - s)} = \frac{1}{\sqrt{rs}} \ln \frac{1 + \sqrt{rs}}{1 - \sqrt{rs}}.$$

Entwickeln wir diesen Ausdruck in eine Potenzreihe nach $rs$ mit $\sqrt{rs} < 1$, so ergibt sich

$$\frac{1}{\sqrt{rs}} \ln \frac{1 + \sqrt{rs}}{1 - \sqrt{rs}} = 2 \sum_{k=0}^{\infty} \frac{1}{2k+1} (rs)^k = \sum_{n,m=0}^{\infty} \int_{-1}^{+1} P_n(t)\, P_m(t)\, \mathrm{d}t\, r^n s^m,$$

woraus durch Koeffizientenvergleich die *Orthogonalitätsrelation* folgt:

$$\int_{-1}^{+1} P_n(t)\, P_m(t)\, \mathrm{d}t = \begin{cases} 0 & \text{für} \quad n \neq m, \\ \dfrac{2}{2n+1} & \text{für} \quad n = m. \end{cases} \tag{4.29}$$

Wir beachten, daß insbesondere $\int_{-1}^{+1} P_n(t)\, \mathrm{d}t = 0$ für $n \neq 0$ ist. Hier ist $m = 0$ gesetzt.

*Aufgabe 4.5:* Zeigen Sie, daß

$$\int_{-1}^{+1} (1 - t^2)\, (P_n'(t))^2\, \mathrm{d}t = \frac{2n(n+1)}{2n+1}$$

ist.

### Formel von Rodrigues

Offenbar läßt sich jedes Polynom $g_m(t)$ vom Grade $m$ linear aus $P_m(t)$, $P_{m-1}(t), \ldots, P_0$ kombinieren. Denn aus dem Ansatz $g_m(t) = \sum_{k=0}^{m} a_k P_k(t)$ kann man die Koeffizienten $a_k$ wegen (4.29) wie folgt ermitteln:

$$\int_{-1}^{+1} g_m(t)\, P_l(t)\, \mathrm{d}t = \sum_{l=1}^{m} a_k \int_{-1}^{+1} P_k(t)\, P_l(t)\, \mathrm{d}t = \frac{2a_l}{2l+1}$$

für $l = 0, 1, 2, \ldots, m$, also

$$a_k = \frac{2k+1}{2} \int_{-1}^{+1} g_m(t)\, P_k(t)\, \mathrm{d}t, \qquad k = 0, 1, 2, \ldots, m.$$

Somit gilt für $n > m$

$$\int_{-1}^{+1} P_n(t)\, g_m(t)\, \mathrm{d}t = 0. \tag{4.30}$$

Wir benutzen nun die Orthogonalitätseigenschaft zur Gewinnung einer weiteren wichtigen Darstellung der Legendreschen Polynome. Dazu definieren wir

$$^{(0)}P_n(t) = P_n(t); \quad ^{(k)}P_n(t) = \int_{-1}^{t} {}^{(k-1)}P_n(\tau)\, \mathrm{d}\tau \quad \text{für} \quad k = 1, 2, \ldots, n$$

und zeigen durch vollständige Induktion, daß das Polynom ${}^{(k)}P_n(t)$ vom Grade $(n + k)$ zu jedem Polynom $g_{n-(k+1)}(t)$ von höchstens $[n - (k + 1)]$-tem Grade orthogonal ist und ${}^{(k)}P_n(+1) = 0$ für $k = 1, 2, \ldots, n$ gilt. Wir bezeichnen jetzt mit $g_s^*(t)$ ein Polynom von höchstens $s$-tem Grade, dann ist $g_{s+1}^*(t) = \int g_s^*(\tau)\,\mathrm{d}\tau$ ein Polynom von höchstens $(s + 1)$-tem Grade. Für $k = 1$ ist

$$ {}^{(1)}P_n(1) = \int_{-1}^{+1} P_n(t)\,\mathrm{d}t = 0 $$

und

$$ \int_{-1}^{+1} {}^{(1)}P_n g_{n-2}^*\,\mathrm{d}t = [{}^{(1)}P_n g_{n-1}^*]_{-1}^{+1} - \int_{-1}^{+1} P_n g_{n-1}^*\,\mathrm{d}t = 0 $$

nach (4.30). Also ist für $k = 1$ die Behauptung richtig. Wir nehmen an, die Behauptung gilt für $k - 1$, dann ist

$$ {}^{(k)}P_n(1) = \int_{-1}^{+1} {}^{(k-1)}P_n\,\mathrm{d}t = 0 $$

und

$$ \int_{-1}^{+1} {}^{(k)}P_n g_{n-(k+1)}^*\,\mathrm{d}t = [{}^{(k)}P_n g_{n-k}^*]_{-1}^{+1} - \int_{-1}^{+1} {}^{(k-1)}P_n g_{n-k}^*\,\mathrm{d}t = 0. $$

Schließlich folgt ${}^{(n)}P_n(1) = \int_{-1}^{+1} {}^{(n-1)}P_n\,\mathrm{d}t = 0.$

Das Polynom ${}^{(n)}P_n(t)$ hat demnach bei $t = \pm 1$ jeweils Nullstellen von $n$-ter Ordnung. Als Polynom $(2n)$-ten Grades muß es folglich die Gestalt

$$ {}^{(n)}P_n(t) = C_n(t^2 - 1)^n $$

haben. Für die Legendreschen Polynome ergibt sich somit die Darstellung

$$ \begin{aligned} P_n(t) &= C_n \frac{\mathrm{d}^n}{\mathrm{d}t^n}(t^2 - 1)^n = C_n\left[\frac{\mathrm{d}^n}{\mathrm{d}t^n} t^{2n} \pm \ldots\right] \\ &= C_n\, 2n(2n - 1) \ldots (n + 1)\,[t^n \pm \ldots]. \end{aligned} $$

Der Vergleich mit (4.18) und (4.17) ergibt für die Konstante

$$ C_n \frac{(2n)!}{n!} = \frac{(2n)!}{2^n(n!)^2}, \quad \text{also} \quad C_n = \frac{1}{2^n n!}. $$

Die Formel

$$ P_n(t) = \frac{1}{2^n n!} \frac{\mathrm{d}^n}{\mathrm{d}t^n}(t^2 - 1)^n \tag{4.31} $$

stammt von *Rodrigues*.

*Beispiel 4.3:* Die Entwicklung eines Polynoms nach Legendreschen Polynomen.

Wir wollen eine Formel für die Entwicklung von $t^n$ nach Legendreschen Polynomen angeben und setzen an:

$$t^n = \sum_{k=0}^{n} a_k P_k(t). \tag{4.32}$$

Dann ergibt sich wegen (4.29)

$$a_k = \frac{2k+1}{2} \int_{-1}^{+1} t^n P_k(t)\,\mathrm{d}t \quad \text{für} \quad k = 0, 1, 2, \ldots, n.$$

Eine kurze Rechnung ergibt

$$t^n = \frac{n!}{1 \cdot 3 \cdot 5 \ldots (2n-1)} \left[P_n(t) + (2n-3)\frac{1}{2} P_{n-2}(t) + (2n-7)\frac{2n-1}{2 \cdot 4} P_{n-4}(t) + \ldots\right]. \tag{4.33}$$

Diese Formel hat bereits Legendre angegeben.

### Kurvenbild

Aus der Formel (4.31) können wir mit dem Satz von Rolle [Band 2] auf die Lage der Nullstellen von $P_n(t)$ schließen. Das Polynom $(t^2-1)^n = (t-1)^n(t+1)^n$ hat je eine $n$-fache Nullstelle bei $t = \pm 1$. Mithin hat seine 1. Ableitung je eine $(n-1)$-fache bei $\pm 1$ und eine einfache dazwischen. Die 2. Ableitung besitzt je eine $(n-2)$-fache Nullstelle bei $\pm 1$ und zwei einfache dazwischen. Schließlich besitzt die $n$-te Ableitung – also $P_n(t)$ – genau $n$ einfache reelle Nullstellen zwischen $-1$ und $+1$.

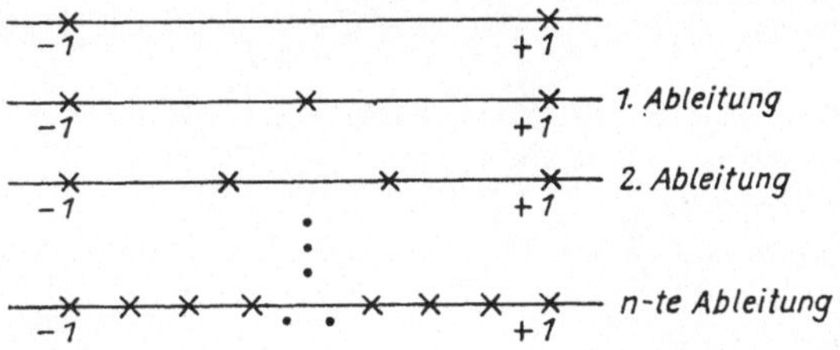

Bild 4.3. Lage der Nullstellen von $\frac{\mathrm{d}^n}{\mathrm{d}t^n}(t^2-1)^n$

Die Werte der Nullstellen (auf 6 Dezimalstellen genau) ergeben sich im Intervall [0, 1] für die ersten 6 Polynome $P_n(t)$:

$n = 1$: $t_1 = 0$

$n = 2$: $t_1 = 0{,}577350$

$n = 3$: $t_1 = 0$ $\quad t_2 = 0{,}774597$

$n = 4$: $t_1 = 0{,}339981$ $\quad t_2 = 0{,}861136$

$n = 5$: $t_1 = 0$ $\quad t_2 = 0{,}538469$ $\quad t_3 = 0{,}906180$

$n = 6$: $t_1 = 0{,}238619$ $\quad t_2 = 0{,}661209$ $\quad t_3 = 0{,}932470$.

Die Kurven der Polynome $P_n(t)$ haben folgenden Verlauf:

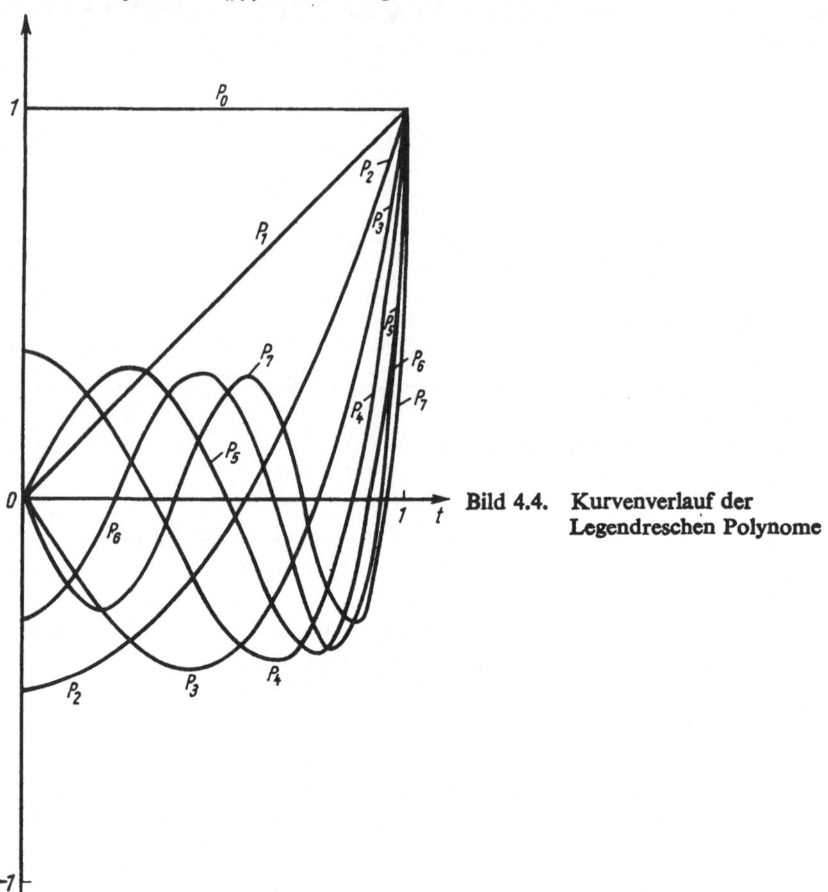


Bild 4.4. Kurvenverlauf der Legendreschen Polynome

### 4.2.3. Integraldarstellungen

Weitere Darstellungen der Legendreschen Kugelfunktionen erhält man – analog zum Vorgehen in Kapitel 3 –, wenn die Betrachtungen zu den Funktionen auf komplexe Veränderliche ausgedehnt und Sätze der Funktionentheorie genutzt werden. Insbesondere wird $t$ im folgenden als komplexe Veränderliche aufgefaßt.

So erhalten wir durch Anwendung der Cauchyschen Integralformel [Band 9] auf die Rodriguessche Formel

$$P_n(t) = \frac{1}{2^n n!} \frac{\mathrm{d}^n}{\mathrm{d}t^n} [t^2 - 1]^n \tag{4.34}$$

eine erste Integraldarstellung für die Funktionen $P_n(t)$, $t$ komplex:

$$P_n(t) = \frac{1}{2\pi \mathrm{i}} \int\limits_{\mathfrak{C}} \frac{(\zeta^2 - 1)^n}{2^n(\zeta - t)^{n+1}} \mathrm{d}\zeta = \frac{1}{2^{n+1}\pi \mathrm{i}} \int\limits_{\mathfrak{C}} \frac{(\zeta^2 - 1)^n}{(\zeta - t)^{n+1}} \mathrm{d}\zeta, \tag{4.35}$$

wobei der Integrationsweg $\mathfrak{C}$ in der komplexen $\zeta$-Ebene den Punkt $\zeta = t$ einmal im positiven Sinne umläuft. Dieser Ausdruck stammt von Schläfli (1881).

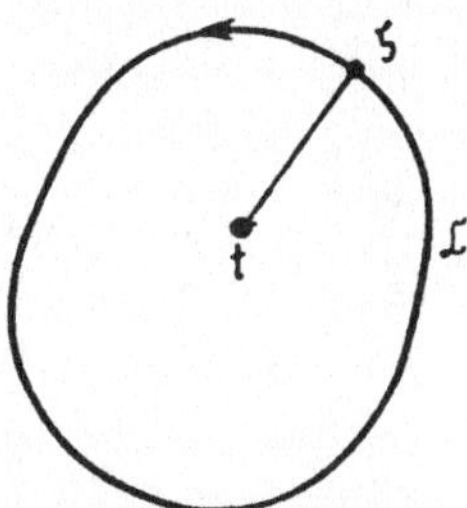

Bild 4.5. Integrationsweg $\mathfrak{C}$

Ebenso ergibt sich durch Anwendung der Cauchyschen Integralformel auf die Potenzreihenentwicklung

$$\frac{1}{\varrho} = \frac{1}{\sqrt{1 - 2zt + z^2}} = \sum_{n=0}^{\infty} P_n(t)\, z^n$$

eine weitere Integraldarstellung

$$P_n(t) = \frac{1}{2\pi i} \int_{\mathfrak{C}'} \frac{d\zeta}{\zeta^{n+1} \sqrt{1 - 2t\zeta + \zeta^2}}, \tag{4.36}$$

wobei $\mathfrak{C}'$ eine Kurve ist, die den Nullpunkt der komplexen Zahlenebene einmal im positiven Sinne umläuft, ohne einen singulären Punkt von $(1 - 2t\zeta + \zeta^2)^{-\frac{1}{2}}$ zu umschließen.

*Aufgabe 4.6:* Man leite (4.35) aus (4.36) durch die Substitution $\sqrt{1 - 2t\zeta + \zeta^2} = \zeta z - 1$ für die neue Variable $z$ her.

Wie betrachten wieder die Darstellung (4.35) und wählen $\mathfrak{C}$ als Kreis mit dem Mittelpunkt $t$ und dem Radius $|t^2 - 1|^{\frac{1}{2}}$ $(t \neq \pm 1)$, so daß längs $\mathfrak{C}$ gesetzt werden kann:

$$\zeta = t + \sqrt{t^2 - 1}\, e^{i\varphi}, \quad -\pi \leqq \varphi \leqq +\pi.$$

Die Wahl des Zweiges von $\sqrt{t^2 - 1}$ ist für die weiteren Betrachtungen ohne Bedeutung. Nach der Substitution erhalten wir für alle Werte von $t \neq \pm 1$

$$P_n(t) = \frac{1}{2^{n+1} \pi i} \int_{-\pi}^{+\pi} \left( \frac{t^2 - 1 + 2t\sqrt{t^2 - 1}\, e^{i\varphi} + (t^2 - 1)\, e^{2i\varphi}}{\sqrt{t^2 - 1}\, e^{i\varphi}} \right)^n i\, d\varphi$$

$$= \frac{1}{2^{n+1} \pi} \int_{-\pi}^{+\pi} (\sqrt{t^2 - 1}\, e^{-i\varphi} + 2t + \sqrt{t^2 - 1}\, e^{i\varphi})^n\, d\varphi$$

$$= \frac{1}{2\pi} \int_{-\pi}^{+\pi} (t + \sqrt{t^2 - 1} \cos\varphi)^n\, d\varphi.$$

Da der Integrand eine gerade Funktion von $\varphi$ ist, erhalten wir schließlich

$$P_n(t) = \frac{1}{\pi} \int_0^{+\pi} (t + \sqrt{t^2 - 1} \cos\varphi)^n \, d\varphi. \tag{4.37}$$

Dies ist die *Laplacesche Integraldarstellung*. Sie gilt für alle komplexen Werte von $t$ einschließlich $t = \pm 1$. Setzen wir $t = \cos\vartheta$ mit $-1 \leqq t \leqq +1$, so ergibt sich

$$P_n(\cos\vartheta) = \frac{1}{\pi} \int_0^{\pi} (\cos\vartheta \pm \mathrm{i} \sin\vartheta \cos\varphi)^n \, d\varphi. \tag{4.38}$$

Wir erhalten eine weitere Integraldarstellung, wenn wir in (4.37) die neue Veränderliche $z = t + \mathrm{i}\sqrt{1 - t^2} \cos\varphi$ einführen. Dann wird $dz = -\mathrm{i}\sqrt{1 - t^2} \sin\varphi \, d\varphi = -\mathrm{i}\sqrt{1 - 2zt + z^2} \, d\varphi$ – der Zweig der Quadratwurzel wird so gewählt, daß er für $\varphi = \frac{\pi}{2}$ mit $z = t$ positiv wird, –

$$P_n(t) = \frac{\mathrm{i}}{\pi} \int_{t+\mathrm{i}\sqrt{1-t^2}}^{t-\mathrm{i}\sqrt{1-t^2}} \frac{z^n}{\sqrt{1 - 2zt + z^2}} \, dz$$

oder, wie oben mit $t = \cos\vartheta$,

$$P_n(\cos\vartheta) = \frac{\mathrm{i}}{\pi} \int_{e^{+\mathrm{i}\vartheta}}^{e^{-\mathrm{i}\vartheta}} \frac{z^n}{\sqrt{1 - 2z\cos\vartheta + z^2}} \, dz.$$

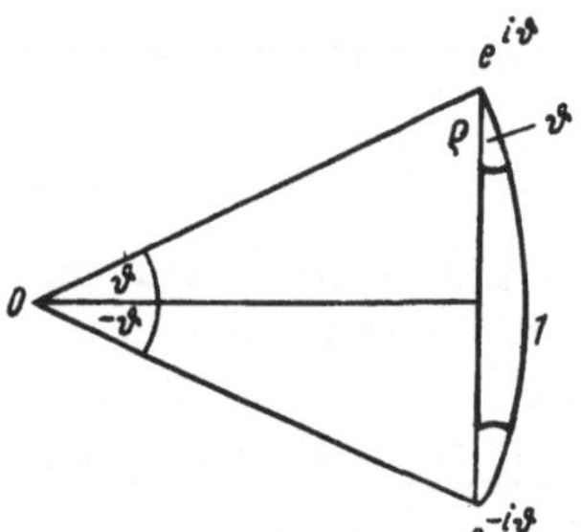

Bild 4.6

Der Integrationsweg ist die Strecke von $z = e^{\mathrm{i}\vartheta}$ bis $z = e^{-\mathrm{i}\vartheta}$.

Schließlich setzen wir $z = e^{\mathrm{i}\varphi}$ und integrieren längs des Kreisbogens von $e^{\mathrm{i}\vartheta}$ nach $e^{-\mathrm{i}\vartheta}$, was nach dem Cauchyschen Integralsatz möglich ist. Dabei ist zu beachten, daß der Integrand in den Endpunkten nicht holomorph ist. Wegen $1 - 2z\cos\vartheta + z^2 = (z - e^{\mathrm{i}\vartheta})(z - e^{-\mathrm{i}\vartheta})$ verhält er sich dort wie $(z - e^{-\mathrm{i}\vartheta})^{-\frac{1}{2}}$. Wenn man den Integrationsweg wie in Bild 4.6 führt, wobei der Radius $\varrho$ der „eingedrückten" Gebiete bei $e^{\pm\mathrm{i}\vartheta}$ gegen null geht, so läßt sich zeigen, daß die Integrale längs dieser Wegeinschnitte ebenfalls gegen null gehen und somit die Deformation nach dem Cauchyschen Integralsatz erlaubt ist:

$$P_n(\cos\vartheta) = \frac{1}{\pi}\int_{-\vartheta}^{+\vartheta} \frac{e^{i(n+1)\varphi}}{\sqrt{1-2e^{i\varphi}\cos\vartheta + e^{i2\varphi}}}\,d\varphi = \frac{1}{\pi}\int_{-\vartheta}^{+\vartheta}\frac{e^{i(n+\frac{1}{2})\varphi}}{\sqrt{2(\cos\varphi-\cos\vartheta)}}\,d\varphi$$

$$= \frac{\sqrt{2}}{2\pi}\int_{-\vartheta}^{+\vartheta}\frac{\cos((n+\frac{1}{2})\varphi)}{\sqrt{\cos\varphi-\cos\vartheta}}\,d\varphi + i\frac{\sqrt{2}}{2\pi}\int_{-\vartheta}^{+\vartheta}\frac{\sin((n+\frac{1}{2})\varphi)}{\sqrt{\cos\varphi-\cos\vartheta}}\,d\varphi.$$

Das zweite Integral verschwindet, da der Integrand ungerade in $\varphi$ ist, somit wird

$$P_n(\cos\vartheta) = \frac{\sqrt{2}}{\pi}\int_0^{\vartheta}\frac{\cos(n+\frac{1}{2})\varphi}{\sqrt{\cos\varphi-\cos\vartheta}}\,d\varphi. \tag{4.39a}$$

Substituieren wir $\varphi = \pi - \varphi'$ und ersetzen $\vartheta$ durch $\pi - \vartheta'$, so ergibt sich nach Weglassen der Striche bei $\varphi'$ und $\vartheta'$ aus (4.39a)

$$P_n(\cos\vartheta) = \frac{\sqrt{2}}{\pi}\int_{\vartheta}^{\pi}\frac{\sin(n+\frac{1}{2})\varphi}{\sqrt{\cos\vartheta-\cos\varphi}}\,d\varphi. \tag{4.39b}$$

Die letzten beiden Formeln stammen von Mehler (1872).

## 4.3. Zugeordnete Kugelfunktionen

Wir hatten im vorangegangenen Abschnitt für die Differentialgleichung (4.7) zunächst nur solche Lösungen gesucht, die lediglich von $\vartheta$ abhängen. Um allgemeinere Lösungen zu finden, die zudem auch von $\varphi$ abhängen, machen wir den Separationsansatz $S_n(\vartheta, \varphi) = \Theta(\vartheta)\,\Phi(\varphi)$, wobei $\Theta$ nur von $\vartheta$ und $\Phi$ nur von $\varphi$ abhängen soll. Setzen wir diesen Ansatz in (4.7) ein, so ergibt sich

$$n(n+1)\,\Theta\Phi + \frac{\Phi}{\sin\vartheta}\frac{\partial}{\partial\vartheta}\left(\sin\vartheta\frac{d\Theta}{d\vartheta}\right) + \frac{\Theta}{\sin^2\vartheta}\frac{\partial^2\Phi}{\partial\varphi^2} = 0$$

oder nach Multiplikation mit $\dfrac{\sin^2\vartheta}{\Theta\Phi}$ und einer Umstellung, die die Trennung der Veränderlichen bedingt:

$$n(n+1)\sin^2\vartheta + \frac{\sin\vartheta}{\Theta}\frac{d}{d\vartheta}\left(\sin\vartheta\frac{d\Theta}{d\vartheta}\right) = -\frac{1}{\Phi}\frac{d^2\Phi}{d\varphi^2}.$$

Beide Seiten müssen somit konstant sein. Wir setzen die Konstante gleich $m^2$. So erhält man für $\Phi$ die einfache gewöhnliche Differentialgleichung

$$\frac{d^2\Phi}{d\varphi^2} + m^2\Phi = 0,$$

deren allgemeine Lösung

$$\Phi_m(\varphi) = A_m\cos m\varphi + B_m\sin m\varphi \quad \text{mit konstantem } A_m, B_m \tag{4.40}$$

ist. Für $\Theta(\vartheta)$ ergibt sich folgende etwas kompliziertere gewöhnliche Differentialgleichung

$$\frac{1}{\sin\vartheta}\frac{d}{d\vartheta}\left(\sin\vartheta\frac{d\Theta}{d\vartheta}\right) + \left[n(n+1) - \frac{m^2}{\sin^2\vartheta}\right]\Theta = 0, \tag{4.41}$$

deren Lösungen für ganzzahlige $m$ mit $0 \leqq m \leqq n$ im folgenden betrachtet werden sollen. Wir führen wieder $t = \cos\vartheta$ ein und erhalten mit den Bezeichnungen $\Theta(\vartheta) = P_n^m(\cos\vartheta) = P_n^m(t)$

$$\frac{d}{dt}\left[(1-t^2)\frac{dP_n^m}{dt}\right] + \left[n(n+1) - \frac{m^2}{1-t^2}\right]P_n^m = 0 \tag{4.42}$$

oder

$$(1-t^2)\frac{d^2P_n^m}{dt^2} - 2t\frac{dP_n^m}{dt} + \left[n(n+1) - \frac{m^2}{1-t^2}\right]P_n^m = 0. \tag{4.43}$$

Zur weiteren Behandlung machen wir für die Funktion $P_n^m$ den Ansatz

$$P_n^m(t) = (1-t^2)^\alpha R_n^{(m)}(t), \quad 0 \leqq m \leqq n,$$

wobei $\alpha$ reell und $R_n^{(m)}$ die $m$-te Ableitung einer Funktion $R_n$ sein soll.

Setzen wir $2\alpha = m$ und die Funktionen $R_n = P_n(t)$, so wird gemäß (4.10) die vorstehende Gleichung erfüllt und wir haben – wie man leicht nachweist – mit

$$P_n^m(t) = (1-t^2)^{\frac{m}{2}} P_n^{(m)}(t), \quad 0 \leqq m \leqq n, \tag{4.44}$$

eine Lösung der Differentialgleichung (4.42) gefunden. Man nennt sie *zugeordnete Legendresche Funktion m-ter Ordnung*. Wie eben bedeutet $(m)$ die $m$-te Ableitung.

*Beispiel 4.4:* Wir geben einige Beispiele für diese Funktionen an:

$$P_n^0(t) = P_n(t) \quad \text{und} \quad P_n^n(t) = (1-t^2)^{\frac{n}{2}}\, 1\cdot 3\cdot 5 \ldots (2n-1).$$

Es sind ferner für

$n = 0$: $P_0^0 = 1$,

$n = 1$: $P_1^0 = P_1 = t$,

$P_1^1 = \sqrt{1-t^2}$,

$n = 2$: $P_2^0 = P_2 = \frac{3}{2}t^2 - \frac{1}{2}$,

$P_2^1 = \sqrt{1-t^2}\cdot 3t$,

$P_2^2 = \sqrt{1-t^2}\cdot 3$,

$n = 3$: $P_3^0 = P_3 = \dfrac{5}{2}t^3 - \dfrac{3}{2}t$,

$P_3^1 = \sqrt{1-t^2}\left(\dfrac{15}{2}t^2 - \dfrac{3}{2}\right)$,

$P_3^2 = (1-t^2)\,15t$,

$P_3^3 = (1-t^2)^{\frac{3}{2}}\cdot 15$,

$$n = 4:\quad P_4^0 = P_4 = \tfrac{1}{8}(35t^4 - 30t^2 + 3),$$

$$P_4^1 = \sqrt{1-t^2}\cdot\frac{5}{2}(7t^3 - 3t),$$

$$P_4^2 = (1-t^2)\frac{15}{2}(7t^2 - 1),$$

$$P_4^3 = (1-t^2)^{\frac{3}{2}}\cdot 105t,$$

$$P_4^4 = (1-t^2)^2\cdot 105.$$

Setzt man wieder $t = \cos\vartheta$, so ergibt sich

$$P_n^m(\cos\vartheta) = \sin^m\vartheta\, P_n^{(m)}(\cos\vartheta), \qquad 0 \leqq m \leqq n, \tag{4.45}$$

und man erhält als Lösung der partiellen Differentialgleichung (4.7) bei Beachtung von (4.40)

$$S_n(\vartheta,\varphi) = \sum_{m=0}^{n} (A_m^{(n)}\cos m\varphi + B_m^{(n)}\sin m\varphi)\, P_n^m(\cos\vartheta), \qquad (A_m^{(n)}, B_m^{(n)} \text{ konstant}). \tag{4.46}$$

Mit dem Zeichen $(m)$ in (4.45) ist die $m$-fache Differentiation nach $\cos\vartheta$ gemeint.

Dies stellt die *allgemeine Kugelflächenfunktion* oder *Laplacesche Kugelfunktion* dar. Man beachte auch Abschnitt 4.5.

Wir wollen einige weitere Eigenschaften der zugeordneten Legendreschen Kugelfunktionen angeben. So folgt aus $P_n(-t) = (-1)^n P_n(t)$ und der Beziehung (4.44)

$$P_n^m(-t) = (-1)^{n+m}\, P_n^m(t). \tag{4.47}$$

Bekanntlich hat $P_n(t)$ $n$ einfache Nullstellen, die zwischen $+1$ und $-1$ liegen. Da zwischen zwei Nullstellen immer mindestens eine solche der Ableitung liegt, hat $P_n^m(t)$ $n-m$ einfache, zwischen $-1$ und $+1$ gelegene Nullstellen, wenn man von den beiden Randpunkten $\pm 1$ absieht. Diese Nullstellen liegen wegen (4.47) spiegelbildlich zum Nullpunkt.

Ohne Schwierigkeiten läßt sich die Rodriguessche Formel (4.31) übernehmen

$$P_n^m(t) = (1-t^2)^{\frac{m}{2}}\frac{d^m P_n(t)}{dt^m} = \frac{(1-t^2)^{\frac{m}{2}}}{2^n n!}\frac{d^{n+m}}{dt^{n+m}}(t^2-1)^n. \tag{4.48}$$

Ferner folgt aus (4.18) und (4.44) die Darstellung

$$P_n^m(t) = \frac{1\cdot 3\cdot 5\ldots(2n-1)}{(n-m)!}(1-t^2)^{\frac{m}{2}}\left[t^{n-m} - \frac{(n-m)(n-m-1)}{2(2n-1)}t^{n-m-2}\right.$$
$$\left. + \frac{(n-m)(n-m-1)(n-m-2)(n-m-3)}{2\cdot 4(2n-1)(2n-3)}t^{n-m-4} \pm \ldots\right]. \tag{4.49}$$

Differenziert man (4.23) $(2n+1)\,tP_n(t) = (n+1)\,P_{n+1}(t) + nP_{n-1}(t)$ $m$-mal nach $t$, so ergibt sich

$$(2n+1)\,t\frac{d^m P_n(t)}{dt^m} + m(2n+1)\frac{d^{m-1}P_n(t)}{dt^{m-1}} = (n+1)\frac{d^m P_{n+1}(t)}{dt^m}$$
$$+ n\frac{d^m P_{n-1}}{dt^m}.$$

Ferner differenzieren wir (4.26) $(2n+1)\,P_n(t) = P'_{n+1}(t) - P'_{n-1}(t)$ $(m-1)$-mal nach $t$

$$(2n+1)\frac{\mathrm{d}^{m-1}P_n(t)}{\mathrm{d}t^{m-1}} = \frac{\mathrm{d}^m P_{n+1}(t)}{\mathrm{d}t^m} - \frac{\mathrm{d}^m P_{n-1}(t)}{\mathrm{d}t^m}.$$

Multiplizieren wir die letzte Gleichung mit $m$ und ziehen sie von der oberen ab, so erhalten wir

$$(2n+1)\,t\frac{\mathrm{d}^m P_n}{\mathrm{d}t^m} = (n-m+1)\frac{\mathrm{d}^m P_{n+1}}{\mathrm{d}t^m} + (n-m)\frac{\mathrm{d}^m P_{n-1}(t)}{\mathrm{d}t^m}$$

und nach Multiplikation beider Seiten mit $(1-t^2)^{\frac{m}{2}}$ die Rekursionsvorschrift

$$(2n+1)\,tP_n^m = (n-m+1)\,P_{n+1}^m + (n+m)\,P_{n-1}^m. \tag{4.50}$$

Die *Orthogonalitätsrelationen* (ohne Herleitung) der *zugeordneten Legendreschen Funktionen* lauten insgesamt

$$\int_{-1}^{+1} P_n^m(t)\,P_r^m(t)\,\mathrm{d}t = \begin{cases} 0 & \text{für } n \neq r, \\ \dfrac{2}{2n+1}\dfrac{(n+m)!}{(n-m)!} & \text{für } n = r. \end{cases} \tag{4.51}$$

Ferner gilt

$$\int_{-1}^{+1} P_n^m(t)\,P_n^r(t)\frac{\mathrm{d}t}{1-t^2} = 0 \quad \text{für } m \neq r. \tag{4.52}$$

### Integraldarstellung

Aus der Integraldarstellung (4.35) für $P_n(t)$, $t$ komplex, folgt sofort

$$P_n^{(m)}(t) = \frac{1}{2^{n+1}\pi\mathrm{i}}(n+1)(n+2)\ldots(n+m)\int_{\mathfrak{C}}\frac{(\zeta^2-1)^n}{(\zeta-t)^{n+m+1}}\,\mathrm{d}\zeta \tag{4.53}$$

oder

$$P_n^m(t) = \frac{(n+m)!}{2^{n+1}n!\,\pi\mathrm{i}}(1-t^2)^{\frac{m}{2}}\int_{\mathfrak{C}}\frac{(\zeta^2-1)^n}{(\zeta-t)^{n+m+1}}\,\mathrm{d}\zeta, \tag{4.54}$$

wobei $\mathfrak{C}$ eine geschlossene Kurve ist, die den Punkt $t$ einmal im positiven Sinne umkreist. Mit der Substitution $\zeta = t + \sqrt{t^2-1})\,\mathrm{e}^{\mathrm{i}\varphi}$ für $t > 1$ erhalten wir wie in Abschnitt 4.2.3.

$$P_n^m(t) = \frac{(n+m)!\,(1-t^2)^{\frac{m}{2}}}{n!\,2\pi(t^2-1)^{\frac{m}{2}}}\int_{-\pi}^{+\pi}[(t+\sqrt{t^2-1})\cos\varphi]^n\,\mathrm{e}^{-\mathrm{i}m\varphi}\,\mathrm{d}\varphi.$$

Wegen $\mathrm{e}^{-\mathrm{i}m\varphi} = \cos m\varphi - \mathrm{i}\sin m\varphi$ und weil $\sin m\varphi$ ungerade ist, haben wir

$$\tfrac{1}{2}\int_{-\pi}^{+\pi}[t+\sqrt{t^2-1}\cos\varphi]^n\,\mathrm{e}^{-\mathrm{i}m\varphi}\,\mathrm{d}\varphi = \int_0^{\pi}[t+\sqrt{t^2-1}\cos\varphi]^n\cos m\varphi\,\mathrm{d}\varphi.$$

Ferner ist in (4.54) $|t| \leqq 1$, so daß wir $\sqrt{t^2 - 1}$ durch $\mathrm{i}\sqrt{1 - t^2}$ ersetzen und erhalten

$$P_n^m(t) = \frac{(n+m)!}{n!\,\pi}\,\mathrm{i}^m \int_0^\pi \left(t + \mathrm{i}\sqrt{1-t^2}\cos\varphi\right)^n \cos m\varphi \,\mathrm{d}\varphi \tag{4.55a}$$

bzw. mit $t = \cos\vartheta$

$$P_n^m(t) = \frac{(n+m)!}{n!\,\pi}\,\mathrm{i}^m \int_0^\pi (\cos\vartheta + \mathrm{i}\sin\vartheta\cos\varphi)^n \cos m\varphi \,\mathrm{d}\varphi\,. \tag{4.55b}$$

Entwickeln wir $\left(t + \sqrt{t^2-1}\cos\varphi\right)^n$ in eine Fourierreihe, so ergibt sich aus dem Ansatz

$$\left(t + \sqrt{t^2-1}\cos\varphi\right)^n = \frac{a_0}{2} + \sum_{m=1}^{n} a_m \cos m\varphi$$

für die Koeffizienten

$$\begin{aligned} a_m &= \frac{2}{\pi}\int_0^\pi \left(t + \sqrt{t^2-1}\cos\varphi\right)^n \cos m\varphi\,\mathrm{d}\varphi \\ &= \frac{2n!}{(n+m)!}\,\mathrm{i}^m P_n^m(t), \quad (m = 0, 1, 2, \ldots), \end{aligned}$$

und daher tauchen die $P_n^m(t)$ in den Koeffizienten der Fourierentwicklung

$$\left(t + \sqrt{t^2-1}\cos\varphi\right)^n = P_n(t) + 2n! \sum_{m=1}^{n} \frac{\mathrm{i}^m}{(n+m)!} P_n^m(t)\cos m\varphi$$

auf (Heine 1842).

## 4.4. Legendresche Funktionen 2. Art

Die Legendreschen Polynome $P_n(t)$ erwiesen sich in 4.2.1. als eine spezielle Lösung der Legendreschen Differentialgleichung (4.11), die wir jetzt in folgender Weise schreiben:

$$(1 - t^2)\,y'' - 2ty' + n(n+1)\,y = 0, \quad n \text{ ganz.} \tag{4.56}$$

Um die allgemeine Lösung der linearen Differentialgleichung 2. Ordnung zu erhalten, machen wir für $y$ einen Potenzreihenansatz mit fallenden Potenzen von $t$

$$y = \sum_{k=0}^{\infty} a_k t^{\nu-k} = a_0 t^\nu + a_1 t^{\nu-1} + a_2 t^{\nu-2} + \ldots, \tag{4.57}$$

wobei der Exponent $\nu$ und die Koeffizienten $a_k$ zu bestimmen sind. Mit

$$y' = \sum_{k=0}^{\infty} (\nu - k)\,a_k t^{\nu-k-1} \quad \text{und} \quad y'' = \sum_{k=0}^{\infty} (\nu - k - 1)(\nu - k)\,a_k t^{\nu-k-2}$$

erhalten wir nach Einsetzen von $y, y'$ und $y''$ in (4.56) für den Koeffizienten von $t^\nu$ die Bedingung

$$a_0[-\nu(\nu-1)-2\nu+n(n+1)]=0$$

oder

$$\nu(\nu+1)-n(n+1)=(\nu-n)(\nu+n+1)=0.$$

Damit ergeben sich für beliebiges $a_0$ für den Exponenten $\nu$ die Werte

$$\nu=n \quad \text{und} \quad \nu=-(n+1). \tag{4.58}$$

Für den Koeffizienten von $t^{\nu-1}$ ergibt sich ebenso

$$a_1[n(n+1)-\nu(\nu-1)]=0,$$

woraus für beide Werte von $\nu$ aus (4.58) $a_1=0$ folgt.

Für die Koeffizienten $a_k$ mit $k \neq 0,1$ erhält man durch Vergleich entsprechend die Bedingung

$$a_k[-(\nu-k)(\nu-k-1)-2(\nu-k)+n(n+1)] + a_{k-2}(\nu-k+1)(\nu-k+2)=0$$

oder

$$a_k = a_{k-2}\frac{(\nu-k+2)(\nu-k+1)}{(\nu-k)(\nu-k+1)-n(n+1)}$$

$$= a_{k-2}\frac{(\nu-k+2)(\nu-k+1)}{(\nu-k-n)(\nu-k+n+1)} \tag{4.59}$$

für $k=2,3,\ldots$. Wählt man $\nu=n$, so kann man leicht die Beziehung (4.59) auf die Formel (4.13) zurückführen. Man erhält dann die Legendreschen Polynome. Interessant ist für uns jetzt die Lösung der Differentialgleichung, die sich aus der Koeffizientenfolge (4.59) mit $\nu=-(n+1)$ ergibt:

$$a_k = a_{k-2}\frac{(n+k-1)(n+k)}{k(2n+k+1)} \quad \text{für} \quad k=2,3,\ldots.$$

Mit den angegebenen Werten von $a_0$ und $a_1$ erhält man:

$$a_3 = a_5 = \ldots = a_{2k+1} = 0,$$

$$a_2 = a_0\frac{(n+1)(n+2)}{2(2n+3)}, \quad a_4 = a_0\frac{(n+1)(n+2)(n+3)(n+4)}{2\cdot 4(2n+3)(2n+5)}, \ldots,$$

$$a_{2k} = a_0\frac{(n+1)(n+2)(n+3)(n+4)\ldots(n+2l)}{2\cdot 4\ldots 2l(2n+3)(2n+5)\ldots(2n+2l+1)}.$$

So erhalten wir eine zweite Lösung der Differentialgleichung als Potenzreihe mit negativen Exponenten:

$$Q_n(t) = a_0\left[\frac{1}{t^{n+1}} + \frac{(n+1)(n+2)}{2(2n+3)}\frac{1}{t^{n+3}} + \ldots \right.$$
$$\left. \ldots + \frac{(n+1)(n+2)\ldots(n+2l)}{2\cdot 4\ldots 2l(2n+3)\ldots(2n+2l+1)}\frac{1}{t^{n+1+2l}} + \ldots\right]$$

oder

$$Q_n(t) = \frac{a_0}{t^{n+1}}\left[1 + \sum_{l=1}^{\infty} \frac{(n+1)(n+2)\dots(n+2l)}{2\cdot 4\dots 2l(2n+3)\dots(2n+2l+1)}\,\frac{1}{t^{2l}}\right] \tag{4.60a}$$

oder

$$Q_n(t) = \frac{a_0}{t^{n+1}}\left[1 + \frac{(2n)!}{n!}\sum_{l=1}^{\infty}\binom{n+l}{l}\frac{(n+2l)!}{(2n+2l+1)!}\,\frac{1}{t^{2l}}\right], \tag{4.60b}$$

wobei $a_0$ noch geeignet zu wählen ist. Wegen $\lim\limits_{k\to\infty}\frac{a_k}{a_{k-2}} = 1$ konvergiert die Reihe (4.60a) für $|t| > 1$, und als Potenzreihe in $\frac{1}{t}$ ist sie gleichmäßig konvergent für $|t| \geqq 1 + \vartheta$ ($\vartheta > 0$, fest).

*Beispiel 4.5:* Für $n = 0$ erhält man bis auf die Konstante $a_0$ die Entwicklung

$$Q_0(t) = \frac{1}{t} + \frac{1}{3t^3} + \frac{1}{5t^5} + \frac{1}{7t^7} + \dots, \quad |t| > 1.$$

Bedenken wir, daß

$$\frac{1}{2}\ln\frac{t+1}{t-1} = \frac{1}{2}\ln\frac{1+\frac{1}{t}}{1-\frac{1}{t}} = \frac{1}{2}\left[\ln\left(1+\frac{1}{t}\right) - \ln\left(1-\frac{1}{t}\right)\right]$$

$$= \frac{1}{2}\left[\left(\frac{1}{t} - \frac{1}{2t^2} + \frac{1}{3t^3} - \frac{1}{4t^4} + \frac{1}{5t^5} - + \dots\right)\right.$$

$$\left. + \left(\frac{1}{t} + \frac{1}{2t^2} + \frac{1}{3t^3} + \frac{1}{4t^4} + \frac{1}{5t^5} + \dots\right)\right] = \frac{1}{t} + \frac{1}{3t^3} + \frac{1}{5t^5} + \dots$$

für $|t| > 1$ ist, so ergibt sich

$$Q_0(t) = \frac{1}{2}\ln\frac{t+1}{t-1} = \operatorname{Arcoth} t$$

und ebenso

$$Q_1(t) = \frac{t}{2}\ln\frac{t+1}{t-1} - 1 = t\operatorname{Arcoth} t - 1. \tag{4.61}$$

Wir beschreiten noch einen zweiten Weg zur Ermittlung der allgemeinen Lösung der Legendreschen Differentialgleichung. Dazu verwenden wir die Methode der Variation der Konstanten, also den Ansatz $y(t) = P_n(t)\,u(t)$, wobei $P_n(t)$ die Legendreschen Polynome sind. Um $u(t)$ zu bestimmen, gehen wir mit diesem Ansatz in die Differentialgleichung (4.56) und erhalten

$$(1-t^2)\,[P_n''u + 2P_n'u' + P_nu''] - 2t(P_n'u + P_nu') + n(n+1)\,P_nu = 0$$

und daraus bei Beachtung der Tatsache, daß $P_n(t)$ die Differentialgleichung erfüllt,

$$(1-t^2)\,[P_nu'' + 2P_n'u'] - 2tP_nu' = 0$$

und nach Trennung der Veränderlichen

$$\frac{u''}{u'} = \frac{2t}{1 - t^2} - 2\frac{P_n'}{P_n}.$$

Die Integration ergibt

$$\ln u' = -\ln(1 - t^2) - \ln(P_n)^2 + \ln C_2$$

oder

$$u' = \frac{C_2}{(1 - t^2)[P_n(t)]^2}$$

und somit

$$u(t) = C_2 \int \frac{dt}{(1 - t^2)[P_n(t)]^2} + C_1.$$

Damit erhalten wir

$$y(t) = C_1 P_n(t) + C_2 P_n(t) \int \frac{dt}{(1 - t^2)[P_n(t)]^2}$$

oder

$$y(t) = C_1 P_n(t) + C_2 Q_n(t), \tag{4.62}$$

wobei jetzt

$$Q_n(t) = P_n(t) \int \frac{dt}{(1 - t^2)[P_n(t)]^2} \tag{4.63}$$

gesetzt wurde. Da $P_n(t)$ und $Q_n(t)$ linear unabhängig sind, stellt (4.62) die allgemeine Lösung der Legendreschen Differentialgleichung dar.

Für den Integranden im Ausdruck von $Q_n(t)$ läßt sich die folgende Partialbruchzerlegung angeben:

$$\frac{1}{(1 - t^2)[P_n(t)]^2} = \frac{1}{2}\left(\frac{1}{t + 1} - \frac{1}{t - 1}\right) + \sum_{\nu=1}^{n}\left(\frac{a_\nu}{t - \alpha_\nu} + \frac{b_\nu}{(t - \alpha_\nu)^2}\right),$$

wobei die $\alpha_\nu$ die Nullstellen von $P_n(t)$ sind. Man erkennt weiterhin, daß die $a_\nu$ verschwinden müssen, da sonst in der Lösung für $y(t)$ die $\alpha_\nu$ singuläre Stellen wären. Für $Q_n(t)$ erhält man demnach für $|t| > 1$ den Ausdruck

$$Q_n(t) = \frac{1}{2} P_n(t) \ln\frac{t + 1}{t - 1} - W_{n-1}(t). \tag{4.64}$$

Dabei ist

$$W_{n-1}(t) = P_n(t) \sum_{\nu=1}^{n} \frac{b_\nu}{t - \alpha_\nu}$$

ein Polynom $(n - 1)$-ten Grades in $t$ (die $\alpha_\nu$ sind die Nullstellen von $P_n(t)$).
Für $n = 0$ erhält man

$$Q_0(t) = \frac{1}{2} \ln\frac{t + 1}{t - 1}$$

und für $n = 1$

$$Q_1(t) = \frac{t}{2} \ln \frac{t+1}{t-1} - 1$$

in Übereinstimmung mit den Ausdrücken (4.61).

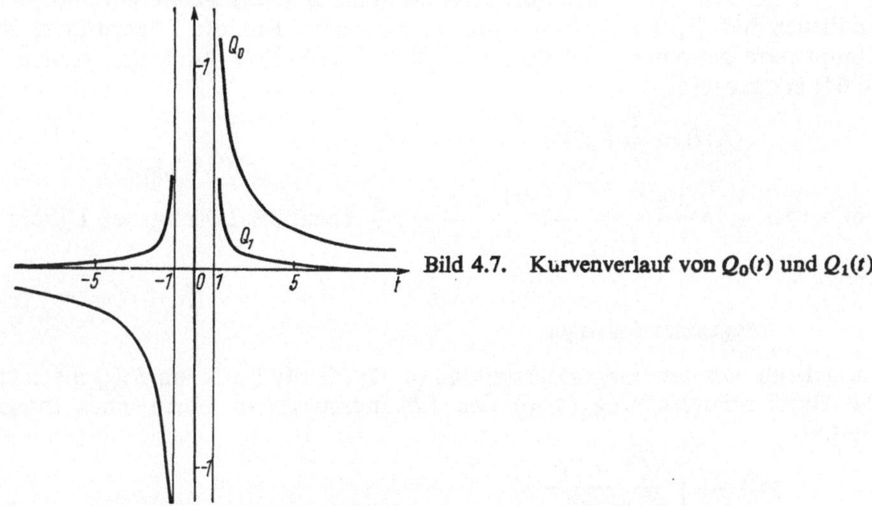


Bild 4.7. Kurvenverlauf von $Q_0(t)$ und $Q_1(t)$

Entwickeln wir (4.63) in eine Potenzreihe nach $\frac{1}{t}$, so ergibt sich

$$\begin{aligned} Q_n(t) &= P_n(t) \int \frac{dt}{(1-t^2)\,[P_n(t)]^2} \\ &= c_n(t^n + \alpha_{n-2}t^{n-2} + \ldots) \int \frac{dt}{(1-t^2)\, c_n^2(t^n + \alpha_{n-2}t^{n-2} + \ldots)^2} \\ &= c_n(t^n + \alpha_{n-2}t^{n-2} + \ldots) \int \frac{1}{-c_n^2 t^{2n+2}} \left(1 + \beta \frac{1}{t^2} + \ldots\right) dt \\ &= \frac{1}{c_n(2n+1)} \frac{1}{t^{n+1}} + \gamma \frac{1}{t^{n+3}} + \ldots, \end{aligned}$$

wobei wegen (4.17) $c_n = \frac{1 \cdot 3 \cdot 5 \ldots (2n-1)}{n!}$ ist. Diese Entwicklung muß notwendig mit der von (4.60a) übereinstimmen, somit ersetzen wir

$$a_0 = \frac{1}{c_n(2n+1)} = \frac{n!}{1 \cdot 3 \cdot 5 \ldots (2n-1)(2n+1)}$$

und erhalten aus (4.60a) endgültig die Potenzreihendarstellung

$$Q_n(t) = \frac{n!}{1 \cdot 3 \cdot 5 \ldots (2n+1)} \frac{1}{t^{n+1}} \times \left[1 + \sum_{l=1}^{\infty} \frac{(n+1)(n+2)\ldots(n+2l)}{2 \cdot 4 \ldots 2l(2n+3)\ldots(2n+2l+1)} \frac{1}{t^{2l}}\right]. \tag{4.65}$$

Die Funktion $Q_n(t)$ nennt man *Legendresche Funktionen 2. Art*, dagegen wird $P_n(t)$ als *Legendresche Funktion 1. Art* bezeichnet.

Die Legendreschen Funktionen 2. Art haben bei $t = \pm 1$ logarithmische Singularitäten, was mit dem Charakter der singulären Punkte $\pm 1$ der Differentialgleichung zusammenhängt. Faßt man die Veränderliche $t$ komplex auf, so ist $Q_n(t)$ in der von $t = -1$ bis $t = +1$ aufgeschnittenen komplexen Zahlenebene holomorph. Im Unendlichen hat $Q_n(t)$ eine $(n + 1)$-fache Nullstelle. Für die Logarithmen sollen die Hauptwerte genommen werden. Für $|t| < 1$ soll $Q_n(t)$ durch den reellen Teil von (4.64) erklärt sein,

$$Q_n(t) = \frac{1}{2} P_n(t) \ln \frac{1 + t}{1 - t} - W_{n-1}(t), \tag{4.66}$$

der wegen $\frac{1}{2} \ln \frac{t + 1}{t - 1} = \frac{1}{2} \ln \frac{1 + t}{1 - t} + \mathrm{i} \frac{\pi}{2}$ ebenfalls Lösung der Differentialgleichung (4.56) ist.

### Integraldarstellungen

Ausgehend von der Integraldarstellung (4.35) für die Funktion $P_n(t)$ machen wir für die Differentialgleichung (4.56) den Lösungsansatz in Form eines Integrals der Gestalt

$$y(t) = \int_{\mathfrak{C}} \frac{(\zeta^2 - 1)^n}{(\zeta - t)^{n+1}} \mathrm{d}\zeta. \tag{4.67}$$

Wir setzen diesen in (4.56) ein und erhalten

$$\begin{aligned}
&(1 - t^2) y'' - 2ty' + n(n + 1) y \\
&= (n + 1) \int_{\mathfrak{C}} \frac{(\zeta^2 - 1)^n}{(\zeta - t)^{n+3}} [(n + 2)(1 - t^2) - 2t(\zeta - t) + n(\zeta - t)^2] \mathrm{d}\zeta \\
&= (n + 1) \int_{\mathfrak{C}} \frac{(\zeta^2 - 1)^n}{(\zeta - t)^{n+3}} [2(n + 1) \zeta(\zeta - t) - (n + 2)(\zeta^2 - 1)] \mathrm{d}\zeta \\
&= (n + 1) \int_{\mathfrak{C}} \frac{\mathrm{d}}{\mathrm{d}\zeta} \frac{(\zeta^2 - 1)^{n+1}}{(\zeta - t)^{n+2}} \mathrm{d}\zeta.
\end{aligned}$$

Der obige Ansatz (4.67) ist demnach eine Lösung der Differentialgleichung, falls der Ausdruck

$$\frac{(\zeta^2 - 1)^{n+1}}{(\zeta - t)^{n+2}}$$

seinen Ausgangswert wieder annimmt, nachdem $\zeta$ die Kurve $\mathfrak{C}$ durchlaufen hat. Er verschwindet für $\zeta = \pm 1$, so daß wir als Weg $\mathfrak{C}$ das Intervall $-1 \leqq \zeta \leqq +1$ nehmen können. Somit können wir für (4.67) schreiben

$$y(t) = C \int_{-1}^{+1} \frac{(1 - \zeta^2)^n}{(t - \zeta)^{n+1}} \mathrm{d}\zeta,$$

wobei die Konstante $C$ noch zu bestimmen ist. Dieser Ansatz verhält sich wie $\frac{C}{t^{n+1}}$ für $t \to \infty$ und muß daher als Lösung von (4.56) mit $Q_n(t)$ bis auf die Konstante $C$ übereinstimmen. Diese gewinnt man nun leicht aus der Entwicklung (4.65) von $Q_n(t)$, wonach

$$\frac{n!}{1 \cdot 3 \cdot 5 \ldots (2n+1)} = C \int_{-1}^{+1} (1 - \zeta^2)^n \, d\zeta = 2C \int_0^1 (1 - \zeta^2)^n \, d\zeta$$

$$= 2C \int_0^{\pi/2} \sin^{2n+1} \varphi \, d\varphi = 2C \frac{2^n n!}{1 \cdot 3 \cdot 5 \ldots (2n+1)}.$$

Somit wird $C = \frac{1}{2^{n+1}}$ und

$$Q_n(t) = \frac{1}{2^{n+1}} \int_{-1}^{+1} \frac{(1 - \zeta^2)^n}{(t - \zeta)^{n+1}} \, d\zeta. \tag{4.68}$$

Diese Formel, die von Schläfli stammt, gilt für alle komplexen Werte $t$ außerhalb der Strecke zwischen $t = -1$ und $t = +1$.

Wir substituieren nun für $|t| > 1$:

$$\frac{2(t - \zeta)}{1 - \zeta^2} = t + \sqrt{t^2 - 1} \cosh \eta$$

oder

$$\cosh \eta = \frac{t(1 - \zeta^2) - 2\zeta}{(1 - \zeta^2)\sqrt{t^2 - 1}}, \quad e^\eta = \frac{1 + \zeta}{1 - \zeta} \sqrt{\frac{t - 1}{t + 1}}$$

und daraus

$$e^\eta \frac{d\eta}{d\zeta} = \frac{2}{(1 - \zeta)^2} \sqrt{\frac{t - 1}{t + 1}} = \frac{2e^\eta}{1 - \zeta^2},$$

also

$$d\zeta = \tfrac{1}{2}(1 - \zeta^2) \, d\eta.$$

Damit wird aus der obigen Darstellung

$$Q_n(t) = \frac{1}{2} \int_{-\infty}^{+\infty} \frac{1}{(t + \sqrt{t^2 - 1} \cosh \eta)^{n+1}} \, d\eta \tag{4.69}$$

$$= \int_0^\infty \left(t + \sqrt{t^2 - 1} \cosh \eta\right)^{-(n+1)} d\eta.$$

Setzen wir ferner

$$(t + \sqrt{t^2 - 1} \cosh \eta)(t - \sqrt{t^2 - 1} \cosh \psi) = 1,$$

so geht (4.69) nach kurzer Zwischenrechnung über in

$$Q_n(t) = \int_0^{\psi_0} \left(t - \sqrt{t^2 - 1}\cosh\psi\right)^n \mathrm{d}\psi \tag{4.70}$$

mit $\psi_0 = \frac{1}{2}\ln\frac{t+1}{t-1}$. Dieses entspricht der Laplaceschen Integraldarstellung (4.37) von $P_n(t)$.

**Zugeordnete Legendresche Funktionen 2. Art**

Auch die Differentialgleichung (4.43) muß noch eine zweite von $P_n^m(t)$ linear unabhängige Lösung besitzen, die wir mit $Q_n^m(t)$ bezeichnen wollen. Sie kann auf ähnliche Weise wie die $P_n^m(t)$ aus den $P_n(t)$ durch $m$-malige Differentiation von $Q_n(t)$ hergeleitet werden. Dabei wird für $0 \leqq m \leqq n$

$$Q_n^m(t) = (t^2 - 1)^{\frac{m}{2}} \frac{\mathrm{d}^m}{\mathrm{d}t^m} Q_n(t) \tag{4.71}$$

gesetzt. Die Veränderliche $t$ kann dabei in der komplexen Zahlenebene jeden Wert annehmen, der nicht im Intervall von $t = -1$ bis $t = +1$ liegt. Die $Q_n^m(t)$ heißen *zugeordnete Legendresche Funktionen 2. Art.* Sie haben bei $t = \pm 1$ logarithmische Singularitäten und sind deshalb von den $P_n^m(t)$ linear unabhängig.

## 4.5. Kugelflächenfunktionen

### 4.5.1. Herleitung und Darstellung

Bereits in 4.1. haben wir gesehen, daß die allgemeine ganze rationale Kugelfunktion $n$-ten Grades in der Gestalt (4.6) $u_n(x, y, z) = r^n S_n(\vartheta, \varphi)$ dargestellt werden kann. Die Funktion $S_n(\vartheta, \varphi)$ wird als die zu $u_n$ gehörige *Kugelflächenfunktion* oder als *Laplacesche Kugelfunktion* $n$-ten Grades bezeichnet. Sie genügt der Differentialgleichung

$$n(n+1)\, S_n + \frac{1}{\sin\vartheta}\frac{\partial}{\partial\vartheta}\left(\sin\frac{\partial S_n}{\partial\vartheta}\right) + \frac{1}{\sin^2\vartheta}\frac{\partial^2 S_n}{\partial\varphi^2} = 0. \tag{4.7}$$

Wir hatten zunächst Lösungen gesucht, die nur von $\vartheta$ abhängen. Die dadurch aus (4.7) hervorgehende gewöhnliche Differentialgleichung lieferte die Legendreschen Funktionen 1. und 2. Art. Der Produktansatz $S_n(\vartheta, \varphi) = \Theta(\vartheta)\,\Phi(\varphi)$ führte in Abschnitt 4.3. zu folgender allgemeinen Lösung der partiellen Differentialgleichung (4.7):

$$S_n(\vartheta, \varphi) = \sum_{m=0}^{n} \left(A_m^{(n)} \cos m\varphi + B_m^{(n)} \sin m\varphi\right) P_n^m(\cos\vartheta) \tag{4.46}$$

mit den zugeordneten Kugelfunktionen $P_n^m(\cos\vartheta) = \sin^m\vartheta\, P_n^{(m)}(\cos\vartheta)$, $0 \leqq m \leqq n$. Sie enthält $2n + 1$ willkürliche Konstanten $A_0^{(n)}, \ldots, A_n^{(n)}, B_1^{(n)}, \ldots, B_n^{(n)}$. Der aus $2n + 1$ Gliedern linear zusammengesetzte Ausdruck (4.46) stellt die allgemeine

Laplacesche Kugelfunktion dar, weil er mit $r^n$ multipliziert ein homogenes Polynom in $x, y, z$ ist und die Glieder linear unabhängig sind. Letzteres folgt aus der Tatsache, daß die Funktionen $\cos m\varphi\, P_n^m(\cos\vartheta)$ und $\sin m\varphi\, P_n^m(\cos\vartheta)$ in bezug auf $\varphi$ paarweise orthogonal sind. Setzt man $S_n(\vartheta, \varphi) = 0$, multipliziert ferner beide Seiten von (4.46) mit $\cos m\varphi$ bzw. $\sin m\varphi$ und integriert nach $\varphi$ von $-\pi$ bis $+\pi$, so ergibt sich $A_m = B_m = 0$ für $m = 0, 1, 2, \ldots, n$. Bilden wir $r^n S_n(\vartheta, \varphi)$, so sind die entstehenden Funktionen $r^n S_n^m(\vartheta, \varphi) = r^n \begin{Bmatrix}\cos m\varphi\\ \sin m\varphi\end{Bmatrix} \sin^m \vartheta P_n^{(m)}(\cos\vartheta)$ homogene Polynome $n$-ten Grades in $x, y, z$ und somit ganze rationale Kugelfunktionen. Denn wegen $(\cos\varphi + \mathrm{i}\sin\varphi)^m = \cos m\varphi + \mathrm{i}\sin m\varphi$ sind $\cos m\varphi$ und $\sin m\varphi$ homogene Polynome $m$-ten Grades in $\cos\varphi$ und $\sin\varphi$. Deshalb sind die Faktoren $r^m \begin{Bmatrix}\cos m\varphi\\ \sin m\varphi\end{Bmatrix} \times$ $\times \sin^m\vartheta$ homogene Polynome in $x = r\cos\varphi\sin\vartheta$ und $y = r\sin\varphi\sin\vartheta$. Die Funktion $P_n^{(m)}(\cos\vartheta)$ ist wegen (4.49) andererseits ein Polynom $(n - m)$-ten Grades in $\cos\vartheta$, das nur gerade oder ungerade Potenzen von $\cos\vartheta$ enthält. Der von $S_n^m(\vartheta, \varphi)$ verbleibende Faktor $r^{n-m} P_n^{(m)}(\cos\vartheta)$ ist demnach ein homogenes Polynom $(n - m)$-ten Grades in $x, y, z$, wie man durch Einsetzen in (4.49) sieht. Somit ist auch $r^n S_n(\vartheta, \varphi)$ ein homogenes Polynom $n$-ten Grades in $x, y, z$ und somit unter Beachtung von (4.8) die allgemeine ganze rationale Kugelfunktion. Danach haben die homogenen Polynome in den Veränderlichen $x, y, z$, welche die Laplacesche Dgl. (4.1) erfüllen, die allgemeine Gestalt $r^n S_n(\vartheta, \varphi)$, wobei $S_n(\vartheta, \varphi)$ durch die Formel (4.46) erklärt ist.

Man bezeichnet die $2n$ Lösungsfunktionen

$$S_n^m(\vartheta, \varphi) = \begin{Bmatrix}\cos m\varphi\\ \sin m\varphi\end{Bmatrix} \sin^m \vartheta P_n^{(m)}(\cos\vartheta), \qquad m = 1, 2, \ldots, n,$$

als *tesserale Kugelfunktionen.* Sie verschwinden für $\vartheta = 0$ und $\vartheta = \pi$ und ferner an den $n - m$ innerhalb des Intervalls $0 < \vartheta < \pi$ spiegelbildlich zu $\vartheta = \frac{\pi}{2}$ liegenden Nullstellen von $P_n^{(m)}(\cos\vartheta)$. Weiterhin verschwinden sie bei den $2m$ Nullstellen von $\cos m\varphi$ für $\varphi = \frac{\pi}{2m}, \frac{3\pi}{2m}, \ldots, \frac{4m-1}{2m}\pi$ bzw. von $\sin m\varphi$ für $\varphi_m = 0, \frac{\pi}{m}, \frac{2\pi}{m}, \ldots, \frac{(2n-1)}{m}\pi$. Auf der Kugeloberfläche haben die tesseralen Kugelfunktionen demnach $2m$ Meridiane mit gleichem Winkelabstand und $n - m$ spiegelbildlich zum Äquator gelegene Breitenkreise als Nullinien. In einem sphärischen Viereck, das von je zwei solchen unmittelbar aufeinanderfolgenden Meridianen und Parallelkreisen begrenzt wird, wechselt die tesserale Kugelfunktion ihr Vorzeichen nicht, und daher stammt ihr Name. Für $m = 0$ bekommen wir die zonalen Kugelfunktionen (siehe auch 4.2.), deren Nullinien auf der Kugel $n$ symmetrisch zum Äquator liegende Breitenkreise sind. Die Kugeloberfläche wird durch sie in $n + 1$ Kugelzonen eingeteilt, in denen die zonalen Kugelfunktionen ihr Vorzeichen beibehalten. Für $m = n$ erhalten wir als Nullinien der zugehörigen Funktionen $2n$ Meridiane und die für die Funktionen vorzeichenbeständigen Vierecke entarten in $2n$ Kugelsektoren.

Deshalb nennt man die Funktionen $\begin{Bmatrix}\cos n\varphi\\ \sin n\varphi\end{Bmatrix} \sin^n\vartheta$ *sektorielle Kugelfunktionen.*

### 4.5.2. Orthogonalität

Die $2n + 1$ Grundfunktionen

$$S_n^m(\vartheta, \varphi) = \begin{Bmatrix} \cos m\varphi \\ \sin m\varphi \end{Bmatrix} \sin^m \vartheta P_n^m(\cos \vartheta), \quad 0 \leqq m \leqq n,$$

sind auf der Einheitskugel orthogonal. Aus den bekannten Orthogonalitätsrelationen für die trigonometrischen Funktionen und für die zugeordneten Legendreschen Polynome (4.51) erhält man

$$\int_{\varphi=0}^{2\pi} \int_{\vartheta=0}^{\pi} \cos m\varphi \, P_n^m(\cos \vartheta) \sin k\varphi P_r^k(\cos \vartheta) \sin \vartheta \, \mathrm{d}\vartheta \, \mathrm{d}\varphi = 0 \quad \text{für alle } n, m, k, r \quad \text{mit} \quad m \neq k \text{ oder } n \neq r,$$

$$\int_{\varphi=0}^{2\pi} \int_{\vartheta=0}^{\pi} \begin{Bmatrix} \cos m\varphi \\ \sin m\varphi \end{Bmatrix} P_n^m(\cos \vartheta) \begin{Bmatrix} \cos k\varphi \\ \sin k\varphi \end{Bmatrix} P_r^k(\cos \vartheta) \sin \vartheta \, \mathrm{d}\vartheta \, \mathrm{d}\varphi$$

$$= \begin{cases} \dfrac{2\pi}{2n+1} \dfrac{(n+m)!}{(n-m)!} & \text{für } n = r, \quad m = k, m \neq 0, \\ 0 & \text{sonst}, \end{cases} \tag{4.72}$$

$$\int_{\varphi=0}^{2\pi} \int_{\vartheta=0}^{\pi} P_n(\cos \vartheta) \, P_k(\cos \vartheta) \sin \vartheta \, \mathrm{d}\vartheta \, \mathrm{d}\varphi = \begin{cases} 0 & \text{für } n \neq k, \\ \dfrac{4\pi}{2n+1} & \text{für } n = k, \end{cases} \tag{4.73}$$

womit die behauptete Orthogonalität nachgewiesen ist.

Betrachten wir zwei Laplacesche Kugelfunktionen

$$S_m(\vartheta, \varphi) = \sum_{l=0}^{n} (A_l^{(m)} \cos l\varphi + B_l^{(m)} \sin l\varphi) \, P_m^l(\cos \vartheta),$$

$$S_n(\vartheta, \varphi) = \sum_{k=0}^{m} (A_k^{(n)} \cos k\varphi + B_k^{(n)} \sin k\varphi) \, P_n^k(\cos \vartheta)$$

und bilden

$$\int_{\varphi=0}^{2\pi} \int_{\vartheta=0}^{\pi} S_n(\vartheta, \varphi) \, S_m(\vartheta, \varphi) \sin \vartheta \, \mathrm{d}\vartheta \, \mathrm{d}\varphi$$

$$= \int_{\varphi=0}^{2\pi} \int_{\vartheta=0}^{\pi} \left[ \sum_{k=0}^{n} (A_k^{(n)} \cos k\varphi + B_k^{(n)} \sin k\varphi) \, P_n^k(\cos \vartheta) \right] \times$$

$$\times \left[ \sum_{l=0}^{m} (A_l^{(m)} \cos l\varphi + B_l^{(m)} \sin l\varphi) \, P_m^l(\cos \vartheta) \right] \sin \vartheta \, \mathrm{d}\vartheta \, \mathrm{d}\varphi$$

$$= \sum_{k=0}^{n} \sum_{l=0}^{m} \int_{\varphi=0}^{2\pi} (A_k^{(n)} \cos k\varphi + B_k^{(n)} \sin k\varphi) \, (A_l^{(m)} \cos l\varphi + B_l^{(m)} \sin l\varphi)$$

$$\times \int_{\vartheta=0}^{\pi} P_n^k(\cos \vartheta) \, P_m^l(\cos \vartheta) \sin \vartheta \, \mathrm{d}\vartheta \, \mathrm{d}\varphi.$$

Für $k \neq l$ verschwindet das erste Integral, für $k = l$ und $n \neq m$ das zweite. Somit gilt für die Laplacesche Kugelfunktionen die Orthogonalitätsrelation über der Einheitskugel:

$$\int_{\varphi=0}^{2\pi} \int_{\vartheta=0}^{\pi} S_n(\vartheta, \varphi) \, S_m(\vartheta, \varphi) \sin\vartheta \, d\vartheta \, d\varphi = 0 \quad \text{für } n \neq m. \tag{4.74}$$

### 4.5.3. Entwicklung nach Kugelflächenfunktionen

Wir nutzen diese Orthogonalitätsrelationen (4.72), (4.73) und (4.74), um auf der Einheitskugel definierte Funktionen nach Laplaceschen Kugelfunktionen zu entwickeln. Jede auf der Einheitskugel definierte Funktion ist dort eine Funktion der Koordinaten $\vartheta$ und $\varphi$ und kann somit mit $f(\vartheta, \varphi)$ bezeichnet werden. Wir nehmen an, daß $f(\vartheta, \varphi)$ in eine Reihe nach Kugelfunktionen entwickelt werden kann und setzen an

$$f(\vartheta, \varphi) = \sum_{n=0}^{\infty} S_n(\vartheta, \varphi) = \sum_{n=0}^{\infty} \sum_{m=0}^{n} (A_m^{(n)} \cos m\varphi + B_m^{(n)} \sin m\varphi) \, P_n^m(\cos\vartheta) \tag{4.75}$$

oder

$$f(\vartheta, \varphi) = \sum_{n=0}^{\infty} A_0^{(n)} P_n(\cos\vartheta) + \sum_{n=0}^{\infty} \sum_{m=1}^{n} (A_m^{(n)} \cos m\varphi + B_m^{(n)} \sin m\varphi) \, P_n^m(\cos\vartheta).$$

Die Koeffizienten $A_m^{(n)}$ und $B_m^{(n)}$ werden in der üblichen Weise ermittelt. Multiplizieren wir zunächst beide Seiten von (4.75) mit $P_k(\cos\vartheta)$ und integrieren über die Einheitskugel, so ergibt sich nach (4.73)

$$A_0^{(n)} = \frac{2n+1}{4\pi} \int_{\varphi=0}^{2\pi} \int_{\vartheta=0}^{\pi} f(\vartheta, \varphi) \, P_n(\cos\vartheta) \sin\vartheta \, d\vartheta \, d\varphi. \tag{4.76a}$$

Durch Multiplikation mit $\cos k\varphi P_r^k(\cos\vartheta)$ bzw. $\sin k\varphi P_r^k(\cos\vartheta)$ und jeweils anschließende Integration ergibt sich aus (4.72)

$$A_m^{(n)} = \frac{2n+1}{2\pi} \frac{(n-m)!}{(n+m)!} \int_{\varphi=0}^{2\pi} \int_{\vartheta=0}^{\pi} f(\vartheta, \varphi) \cos m\varphi \, P_n^m(\cos\vartheta) \sin\vartheta \, d\vartheta \, d\varphi,$$

$$B_m^{(n)} = \frac{2n+1}{2\pi} \frac{(n-m)!}{(n+m)!} \int_{\varphi=0}^{2\pi} \int_{\vartheta=0}^{\pi} f(\vartheta, \varphi) \sin m\varphi \, P_n^m(\cos\vartheta) \sin\vartheta \, d\vartheta \, d\varphi. \tag{4.76b}$$

Unter welchen Voraussetzungen über die Funktion $f(\vartheta, \varphi)$ die Reihe (4.75) gleichmäßig konvergiert und deren Summe die Funktion darstellt, soll an dieser Stelle nicht erörtert werden. Auf jeden Fall gilt die Entwicklung (4.75) für jede auf der Einheitskugel zweimal stetig differenzierbare Funktion. Die Ausdehnung dieses Resultats auf allgemeine Funktionen soll uns hier ebenfalls nicht beschäftigen [10].

Für den Fall, daß die Funktion $f$ nur von $\vartheta$ abhängt, lautet die Entwicklung nach Legendreschen Polynomen

$$f(\vartheta) = \sum_{n=0}^{\infty} A_n P_n(\cos\vartheta) \quad \text{mit} \quad A_n = \frac{2n+1}{2} \int_{\vartheta=0}^{\pi} f(\vartheta)\, P_n(\cos\vartheta) \sin\vartheta \, \mathrm{d}\vartheta . \tag{4.77}$$

Es soll noch eine weitere wichtige Integralrelation angegeben werden. Dazu betrachten wir zwei Punkte $P(r, \vartheta, \varphi)$ und $Q(R, \vartheta', \varphi')$. Der Punkt $Q$ liegt auf einer Kugel mit dem Radius $R$. Den Abstand $\varrho$ beider Punkte gewinnt man aus $\varrho^2 = r^2 + R^2 - 2rR\cos\gamma$. Für $\cos\gamma$ ergibt sich, wenn $(x, y, z)$ bzw. $(x', y', z')$ die kartesischen Koordinaten von $P$ bzw. $Q$ sind: $\cos\gamma = \dfrac{xx' + yy' + zz'}{rR}$

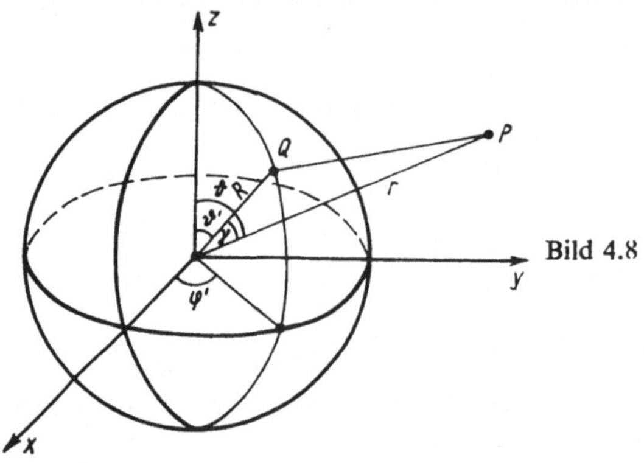

Bild 4.8

oder in Kugelkoordinaten

$$\cos\gamma = \cos\vartheta \cos\vartheta' + \sin\vartheta \sin\vartheta' \cos(\varphi - \varphi'). \tag{4.78}$$

Liegt $Q$ im Nordpol, also $\vartheta' = 0$, so wird $\cos\gamma = \cos\vartheta$. Der reziproke Abstand von $P$ und $Q$ ist

$$\frac{1}{\varrho} = \frac{1}{\sqrt{r^2 + R^2 - 2rR\cos\gamma}} .$$

Man kann die Reihenentwicklung (4.15) übernehmen und erhält

$$\frac{1}{\varrho} = \frac{1}{R} \sum_{n=0}^{\infty} \left(\frac{r}{R}\right)^{n+1} P_n(\cos\gamma), \quad r < R. \tag{4.79}$$

Es läßt sich einfach nachweisen [4], daß $r^n P_n(\cos\gamma)$ ein homogenes Polynom $n$-ten Grades in $x, y, z$ ist, das der Potentialgleichung genügt. Somit ist $r^n P_n(\cos\gamma)$ eine Kugelfunktion $n$-ten Grades und $P_n(\cos\gamma)$ als Funktion von $\vartheta$ und $\varphi$ (und ebenso von $\vartheta', \varphi'$) eine Kugelflächenfunktion.

Hierbei kann man sagen, daß die Reihe (4.77) in jedem abgeschlossenen Intervall, in dem die Funktion $f(\vartheta)$ stetig ist und das im Intervall $-\pi < \vartheta < +\pi$ liegt, gleichmäßig gegen den Funktionswert konvergiert.

Nun sei $S_n(\vartheta, \varphi)$ eine Kugelflächenfunktion, dann gilt nach (4.46)

$$S_n(\vartheta, \varphi) = A_0^{(n)} P_n(\cos\vartheta) + \sum_{m=1}^{n} (A_m^{(n)} \cos m\varphi + B_m^{(n)} \sin m\varphi)\, P_n^m(\cos\vartheta).$$

Um $A_0^{(n)}$ zu bestimmen, bemerken wir, daß für $\vartheta = 0$ $P_n^m(1) = 0$ und $P_n(1) = 1$ wird. Damit wird $A_0^{(n)} = S_n(0, \vartheta)$. Multiplizieren wir beide Seiten der Gleichung mit $P_n(\cos\vartheta)$ und integrieren über die Einheitskugel, so erhalten wir

$$\int_{\varphi=0}^{2\pi} \int_{\vartheta=0}^{\pi} S_n(\vartheta, \varphi)\, P_n(\cos\vartheta) \sin\vartheta \, d\vartheta \, d\varphi = A_0^{(n)} \int_{\varphi=0}^{2\pi} \int_{\vartheta=0}^{\pi} (P_n(\cos\vartheta))^2 \sin\vartheta \, d\vartheta \, d\varphi$$

$$= A_0^{(n)} \frac{4\pi}{2n+1} = \frac{4\pi}{2n+1} S_n(0, \varphi)$$

wegen $\int_{\varphi=0}^{2\pi} \sin m\varphi \, d\varphi = \int_{\varphi=0}^{2\pi} \cos m\varphi \, d\varphi = 0$. Wir ziehen nun folgenden Schluß: Wegen der Willkürlichkeit der Wahl des Nordpols auf der Kugel muß das Resultat für einen beliebigen Kugelpunkt $(\vartheta', \varphi')$ bei Beachtung von (4.78) gelten:

$$\int_{\varphi=0}^{2\pi} \int_{\vartheta=0}^{\pi} S_n(\vartheta, \varphi)\, P_n(\cos\gamma) \sin\vartheta \, d\vartheta \, d\varphi = \frac{4\pi}{2n+1} S_n(\vartheta', \varphi'). \tag{4.80}$$

Da $P_n(\cos\gamma)$ eine Kugelflächenfunktion $n$-ten Grades ist, muß ferner

$$\int_{\varphi=0}^{2\pi} \int_{\vartheta=0}^{\pi} S_m(\vartheta, \varphi)\, P_n(\cos\gamma) \sin\vartheta \, d\vartheta \, d\varphi = 0 \quad \text{für} \quad m \neq n \tag{4.81}$$

sein. Wir betrachten nun wieder die Entwicklung (4.75)

$$f(\vartheta, \varphi) = \sum_{n=0}^{\infty} S_n(\vartheta, \varphi),$$

multiplizieren beide Seiten mit $P_m(\cos\gamma)$ und integrieren danach wiederum beide Seiten über die Einheitskugel. Das ergibt wegen (4.80) und (4.81)

$$S_n(\vartheta', \varphi') = \frac{2n+1}{4\pi} \int_{\varphi=0}^{2\pi} \int_{\vartheta=0}^{\pi} f(\vartheta, \varphi)\, P_n(\cos\gamma) \sin\vartheta \, d\vartheta \, d\varphi. \tag{4.82}$$

Damit erhält man sofort durch ein Integral die für die Entwicklung (4.75) erforderlichen Kugelflächenfunktionen $S_n(\vartheta, \varphi)$. Ersetzen wir andererseits in

$$S_n(\vartheta', \varphi') = A_0^{(n)} P_n(\cos\vartheta') + \sum_{m=1}^{n} (A_m^{(n)} \cos m\varphi' + B_m^{(n)} \sin m\varphi')\, P_n^m(\cos\vartheta')$$

die aus (4.76a) und (4.76b) ermittelten Koeffizienten, so wird

$$
\begin{aligned}
S_n(\vartheta', \varphi') &= \frac{2n+1}{4\pi} \int_{\varphi=0}^{2\pi} \int_{\vartheta=0}^{\pi} f(\vartheta, \varphi)\, P_n(\cos\vartheta) \sin\vartheta \, d\vartheta \, d\varphi \, P_n(\cos\vartheta') \\
&+ 2\frac{2n+1}{4\pi} \sum_{m=1}^{n} \frac{(n-m)!}{(n+m)!} \int_{\varphi=0}^{2\pi} \int_{\vartheta=0}^{\pi} f(\vartheta, \varphi)\, P_n^m(\cos\vartheta)\, P_n^m(\cos\vartheta') \\
&\times [\cos m\varphi' \cos m\varphi + \sin m\varphi' \sin m\varphi] \sin\vartheta \, d\vartheta \, d\varphi \\
&= \frac{2n+1}{4\pi} \int_{\varphi=0}^{2\pi} \int_{\vartheta=0}^{\pi} f(\vartheta, \varphi)\, P_n(\cos\vartheta')\, P_n(\cos\vartheta) \sin\vartheta \, d\vartheta \, d\varphi \\
&+ 2\frac{2n+1}{4\pi} \int_{\varphi=0}^{2\pi} \int_{\vartheta=0}^{\pi} f(\vartheta, \varphi) \sum_{m=1}^{n} \frac{(n-m)!}{(n+m)!} \cos m(\varphi - \varphi') \\
&\times P_n^m(\cos\vartheta)\, P_n^m(\cos\vartheta') \sin\vartheta \, d\vartheta \, d\varphi .
\end{aligned} \tag{4.83}
$$

Der Vergleich von (4.82) und (4.83) ergibt folgenden Ausdruck:

$$
\begin{aligned}
P_n(\cos\gamma) &= P_n(\cos\vartheta)\, P_n(\cos\vartheta') \\
&+ 2 \sum_{m=1}^{n} \frac{(n-m)!}{(n+m)!} P_n^m(\cos\vartheta)\, P_n^m(\cos\vartheta') \cos m(\varphi - \varphi')
\end{aligned} \tag{4.84}
$$

mit $\cos\gamma = \cos\vartheta \cos\vartheta' + \sin\vartheta \sin\vartheta' \cos(\varphi - \varphi')$. Diese Formel wird *Additionstheorem der Legendreschen Polynome* genannt; sie stammt von Legendre selbst (1782).

## 4.6. Anwendungen der Kugelfunktionen

### 4.6.1. Randwertaufgaben für die Kugel

Die Kugelfunktionen werden bei Problemen der mathematischen Physik angewendet, die für die Kugel mit der Laplaceschen Differentialgleichung behandelt werden. Als Beispiele dazu können wir die drei Randwertaufgaben der Potentialtheorie betrachten, wobei die Kugeloberfläche als Randbereich aufgefaßt wird (vgl. Band 8, 4.4.).

Die erste Randwertaufgabe (*Dirichletsches Problem*) besteht dann darin, daß innerhalb oder außerhalb einer Kugel mit dem Radius $R$ eine harmonische Funktion $u(r, \vartheta, \varphi)$ ermittelt werden soll, deren Randwerte durch eine stetige Funktion $f(\vartheta', \varphi')$ auf der Kugeloberfläche vorgegeben sind. Dazu wird $f(\vartheta', \varphi')$ nach Kugelfunktionen entwickelt

$$
f(\vartheta', \varphi') = \sum_{n=0}^{\infty} S_n(\vartheta', \varphi'),
$$

wobei die $S_n$ nach Formel (4.82) ermittelt werden können. Bilden wir für das Innere der Kugel mit $r < R$

$$u_I(r, \vartheta, \varphi) = \sum_{n=0}^{\infty} \frac{r^n}{R^n} S_n(\vartheta, \varphi), \quad r < R, \tag{4.85}$$

so ist, weil $\dfrac{r^n S_n(\vartheta, \varphi)}{R^n}$ ein harmonisches Polynom ist, die Funktion (4.85) harmonisch. Außerdem erfüllt die Reihe für $r = R$ die Randbedingungen, so daß eine Lösung für das Kugelinnere gefunden ist.

Um das gleiche Problem für das Kugeläußere ($r > R$) zu lösen, müssen wir eine Funktion bestimmen, die dort harmonisch ist und zudem im Unendlichen verschwindet.

Da andererseits $r^{-n-1} S_n(\vartheta, \varphi)$ eine harmonische Funktion ist, die im Unendlichen verschwindet, so ergibt sich jetzt als Lösung der ersten Randwertaufgabe

$$u_A(r, \vartheta, \varphi) = \sum_{n=0}^{\infty} \frac{R^{n+1}}{r^{n+1}} S_n(\vartheta, \varphi), \quad r > R. \tag{4.86}$$

Wir verwenden weiter in (4.85) und (4.86) nun die Beziehung (4.82) in der Form

$$S_n(\vartheta, \varphi) = \frac{2n+1}{4\pi} \int_{\varphi'=0}^{2\pi} \int_{\vartheta'=0}^{\pi} f(\vartheta', \varphi')\, P_n(\cos\gamma) \sin\vartheta'\, d\vartheta'\, d\varphi'$$

und erhalten

$$u_I = \frac{1}{4\pi} \int_{\varphi'=0}^{2\pi} \int_{\vartheta'=0}^{\pi} f(\vartheta', \varphi') \left( \sum_{n=0}^{\infty} (2n+1) \left(\frac{r}{R}\right)^n P_n(\cos\gamma) \right) \sin\vartheta'\, d\vartheta'\, d\varphi' \quad \text{bzw.}$$

$$u_A = \frac{1}{4\pi} \int_{\varphi'=0}^{2\pi} \int_{\vartheta'=0}^{\pi} f(\vartheta', \varphi') \left( \sum_{n=0}^{\infty} (2n+1) \left(\frac{R}{r}\right)^{n+1} P_n(\cos\gamma) \right) \sin\vartheta'\, d\vartheta'\, d\varphi'.$$

Dabei ist unter Voraussetzung gleichmäßiger Konvergenz für $r \leqq r_0 < 1$ bzw. $r \geqq \bar{r}_0 > 1$ Integration und Summation vertauscht worden. Letztere läßt sich ausführen, denn es ist (4.79)

$$\sum_{n=0}^{\infty} (2n+1)\, z^n P_n(\cos\gamma) = \frac{1 - z^2}{(1 - 2z\cos\gamma + z^2)^{3/2}}$$

und somit – wird $z = \dfrac{r}{R}$ in $u_I$ bzw. $z = \dfrac{R}{r}$ in $u_A$ gesetzt –

$$u_I = \frac{R^2 - r^2}{4\pi} R \int_{\varphi'=0}^{2\pi} \int_{\vartheta'=0}^{\pi} f(\vartheta', \varphi') \frac{\sin\vartheta'\, d\vartheta'\, d\varphi'}{(R^2 + r^2 - 2Rr\cos\gamma)^{3/2}}, \quad r < R, \tag{4.87}$$

$$u_A = \frac{r^2 - R^2}{4\pi} R \int_{\varphi'=0}^{2\pi} \int_{\vartheta'=0}^{\pi} f(\vartheta', \varphi') \frac{\sin\vartheta'\, d\vartheta'\, d\varphi'}{(R^2 + r^2 - 2Rr\cos\gamma)^{3/2}}, \quad r > R. \tag{4.88}$$

Dies sind die *Poissonschen Integrale*. Sie stellen ebenfalls – wie sich direkt zeigen läßt – eine Lösung der ersten Randwertaufgabe für das Innere bzw. Äußere der Kugel mit dem Radius $R$ dar. Zu beachten ist, daß die Integrale keinerlei Bezugnahme auf die Kugelfunktionen nehmen!

Die zweite Randwertaufgabe (*Neumannsches Problem*) lautet: Es soll eine im Inneren oder Äußeren der Kugel harmonische Funktion $u(r, \vartheta, \varphi)$ gefunden werden, deren Ableitung längs der Normalen auf der Kugeloberfläche

$$\left.\frac{\partial u}{\partial r}\right|_{r=R} = f(\vartheta', \varphi')$$

gegeben ist. Aus der Potentialtheorie weiß man, daß für eine harmonische Funktion das Integral über die Ableitung in Richtung der Normalen verschwinden muß:

$$\iint_F \frac{\partial u}{\partial n} \mathrm{d}F = 0,$$

d. h. für die vorgegebene Funktion $f(\vartheta', \varphi')$ muß jetzt gelten:

$$\int_{\varphi'=0}^{2\pi} \int_{\vartheta'=0}^{\pi} f(\vartheta', \varphi') \sin\vartheta' \, \mathrm{d}\vartheta' \, \mathrm{d}\varphi' = 0. \tag{4.89}$$

Wenn wir also $f(\vartheta', \varphi')$ nach Kugelflächenfunktionen entwickeln wollen, so muß jetzt nach (4.82) bei der Entwicklung $S_0(\vartheta', \varphi')$ fehlen, so daß

$$f(\vartheta', \varphi') = \sum_{n=1}^{\infty} S_n(\vartheta', \varphi') \tag{4.90}$$

gilt.

Man kann nun leicht sehen, daß die Lösung der 2. Randwertaufgabe für das Kugelinnere durch folgende Funktion gegeben ist:

$$u_I(r, \vartheta, \varphi) = \sum_{n=1}^{\infty} \frac{1}{n} \frac{r^n}{R^{n-1}} S_n(\vartheta, \varphi) + C, \quad r < R. \tag{4.91}$$

Die Reihe erklärt nämlich eine harmonische Funktion, und die Differentiation in Normalrichtung fällt mit der nach $r$ zusammen. Führt man diese durch und setzt $r = R$, so wird die Randbedingung wegen (4.90) erfüllt.

Beim äußeren Neumannschen Problem braucht die Bedingung (4.89) nicht erfüllt zu sein. Man erhält dann als Lösung

$$u_A(r, \vartheta, \varphi) = -\sum_{n=1}^{\infty} \frac{1}{n+1} \frac{R^{n+2}}{r^{n+1}} S_n(\vartheta, \varphi), \quad r > R. \tag{4.92}$$

Die dritte Randwertaufgabe verlangt, eine im Innern bzw. Äußern der Kugel harmonische Funktion $u(r, \vartheta, \varphi)$ zu bestimmen, so daß der Ausdruck

$$au + b\frac{\partial u}{\partial r}, \quad a, b \text{ reell},$$

auf der Kugeloberfläche vorgegebene Werte $f(\vartheta', \varphi')$ annimmt. Wir nehmen wieder an, $f(\vartheta', \varphi')$ läßt sich durch eine gleichmäßig konvergente Entwicklung nach Kugelflächenfunktion darstellen:

$$f(\vartheta', \varphi') = \sum_{n=0}^{\infty} S_n(\vartheta', \varphi').$$

Für das Innere $r < R$ setzen wir

$$u_I = \sum_{n=0}^{\infty} \left(\frac{r}{R}\right)^n \bar{S}_n(\vartheta, \varphi)$$

und erhalten wegen der Randbedingung

$$\left(a + b\frac{n}{R}\right) S_n(\vartheta, \varphi) = S_n(\vartheta, \varphi).$$

Es sei $aR + nb \neq 0$. Somit wird

$$u_I(r, \vartheta, \varphi) = R \sum_{n=0}^{\infty} \frac{1}{aR + nb} \frac{r^n}{R^n} S_n(\vartheta, \varphi), \quad r < R. \tag{4.93}$$

Für das Äußere $r > R$ liefert der Ansatz

$$u_A = \sum_{n=0}^{\infty} \left(\frac{R}{r}\right)^{n+1} S_n(\vartheta, \varphi)$$

wegen der Randbedingung die Beziehung

$$\left[a - \frac{b(n+1)}{R}\right] S_n(\vartheta, \varphi) = S_n(\vartheta, \varphi).$$

Es sei $Ra - b(n + 1) \neq 0$, so daß

$$u_A(r, \vartheta, \varphi) = R \sum_{n=0}^{\infty} \frac{1}{Ra - b(n+1)} \frac{R^{n+1}}{r^{n+1}} S_n(\vartheta, \varphi), \quad r > R. \tag{4.94}$$

### 4.6.2. Potential einer inhomogen belegten Kugelfläche

Das Potential der in einem beschränkten räumlichen Bereich $B$ vorhandenen Massenverteilung mit der Dichte $\sigma(Q)$ stellt sich durch das dreifache Integral

$$u(P) = \iiint\limits_B \frac{\sigma(Q)}{\varrho} \, dB \tag{4.95}$$

dar, wobei $\varrho$ der Abstand des in $B$ veränderlichen Punktes $Q(x', y', z')$ vom „Aufpunkt" $P(x, y, z)$ ist, in dem der Wert des Potentials bestimmt ist (Bild 4.9). Wir führen mit dem Koordinatenursprung $O$ die Entfernungen $\overline{OP} = r$ und $\overline{OQ} = r'$ sowie den Winkel $\gamma$ zwischen beiden Strecken ein. Dann erhalten wir für Punkte $P$, für die $r$ größer als das Maximum von $r'$ ist, die gleichmäßig konvergente Entwicklung (4.79):

$$\frac{1}{\varrho} = \frac{1}{\sqrt{r^2 - 2rr'\cos\gamma + r'^2}} = \frac{1}{r} \sum_{n=0}^{\infty} P_n(\cos\gamma) \left(\frac{r'}{r}\right)^n.$$

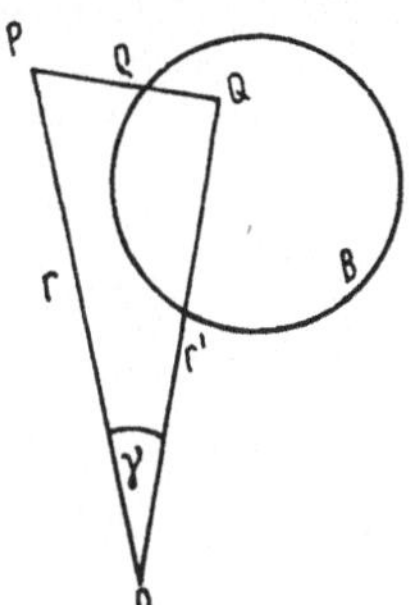


Bild 4.9

Setzen wir diese in (4.95) ein, so erhalten wir

$$u(P) = \sum_{n=0}^{\infty} \frac{1}{r^{n+1}} \iiint_B \sigma(Q)\, P_n(\cos\gamma)\, r'^n\, \mathrm{d}B = \sum_{n=0}^{\infty} \frac{1}{r^{n+1}} T_n$$

$$\text{mit} \quad T_n = \iiint_B \sigma(Q)\, P_n(\cos\gamma)\, r'^n\, \mathrm{d}B. \tag{4.96}$$

*Aufgabe 4.7:* Man bestimme die ersten 3 Glieder für die Entwicklung (4.96). Geben Sie dabei $T_0, T_1$ und $T_2$ an, wenn der Koordinatenursprung $O$ so gewählt ist, daß er im Schwerpunkt liegt und die Deviationsmomente $D_x = \iiint_B \sigma y' z'\, \mathrm{d}B$, $D_y = \iiint_B \sigma x' z'\, \mathrm{d}B$, $D_z = \iiint_B \sigma x' y'\, \mathrm{d}B$ verschwinden [10].

Wir nehmen nun an, die Oberfläche einer Kugel mit dem Radius $R$ sei mit einer Masse der Dichte $\sigma(\vartheta', \varphi')$ belegt. Das Potential dieser Schicht läßt sich durch folgendes Integral über der Kugeloberfläche ausdrücken:

$$u(P) = \iint_{F_R} \frac{\sigma(\vartheta', \varphi')}{\varrho}\, \mathrm{d}F.$$

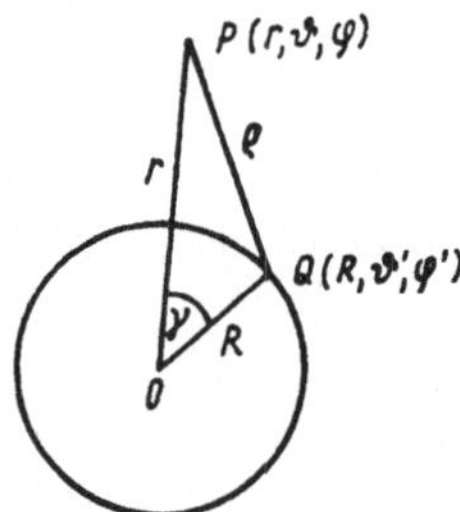


Bild 4.10

Zunächst sei $r < R$, dann gilt

$$\frac{1}{\varrho} = \sum_{n=0}^{\infty} P_n(\cos\gamma) \frac{r^n}{R^{n+1}} \quad \text{sowie} \quad \mathrm{d}F = R^2 \sin\vartheta'\, \mathrm{d}\vartheta'\, \mathrm{d}\varphi'$$

und somit

$$u(P) = \sum_{n=0}^{\infty} \frac{r^n}{R^{n+1}} \int_{\varphi'=0}^{2\pi} \int_{\vartheta'=0}^{\pi} \sigma(\vartheta', \varphi')\, P_n(\cos\gamma) \sin\vartheta'\, \mathrm{d}\vartheta'\, \mathrm{d}\varphi'.$$

Entwickelt man $\sigma(\vartheta', \varphi')$ nach Laplaceschen Kugelfunktionen,

$$\sigma(\vartheta', \varphi') = \sum_{n=0}^{\infty} S_n(\vartheta', \varphi'),$$

so wird wegen (4.82)

$$S_n(\vartheta, \varphi) = \frac{2n+1}{4\pi} \int_{\varphi'=0}^{2\pi} \int_{\vartheta'=0}^{\pi} \sigma(\vartheta', \varphi')\, P_n(\cos\gamma) \sin\vartheta'\, \mathrm{d}\vartheta'\, \mathrm{d}\varphi$$

und damit

$$u(P) = 4\pi R \sum_{n=0}^{\infty} \frac{1}{2n+1} \frac{r^n}{R^n} S_n(\vartheta, \varphi), \quad r < R. \tag{4.97}$$

Ebenso erhält man für $r > R$

$$u(P) = 4\pi R \sum_{n=0}^{\infty} \frac{1}{2n+1} \frac{R^{n+1}}{r^{n+1}} S_n(\vartheta, \varphi), \quad r > R. \tag{4.98}$$

Wir bemerken, daß man aus beiden Formeln für $r = R$ erhält

$$u(P_0) = 4\pi R \sum_{n=0}^{\infty} \frac{S_n(\vartheta, \varphi)}{2n+1},$$

wobei $\vartheta$, $\varphi$ die beiden Koordinaten vom Punkte $P_0$ sind, der auf der Kugeloberfläche liegt. Wenn der Punkt $P$ durch die Kugeloberfläche hindurchgeht, so ändert sich das zugehörige Potential stetig. Diese Eigenschaft des Potentials einer einfachen Schicht gilt auch für allgemeinere Flächen. Ist ferner $\sigma(\vartheta', \varphi') = S_m(\vartheta', \varphi')$, so gilt

$$u(P) = \begin{cases} \dfrac{4\pi R}{2m+1} \left(\dfrac{r}{R}\right)^m S_m(\vartheta, \varphi), & r < R, \\[2ex] \dfrac{4\pi R}{2m+1} \left(\dfrac{R}{r}\right)^{m+1} S_m(\vartheta, \varphi), & r > R. \end{cases} \tag{4.99}$$

In dem Spezialfall, daß $\sigma = \text{const}$ ist, also für eine homogen verteilte Massenbelegung, gilt – mit $m = 0$ –

$$u(P) = \begin{cases} 4\pi R\sigma, & r < R, \\[1ex] \dfrac{4\pi R^2}{r}\sigma, & r > R, \end{cases} \tag{4.100}$$

was man auch einfacher finden kann.

### 4.6.3. Wasserstoffatom

Zur Beschreibung der Bewegungsvorgänge der Partikel spielt in der Atommechanik die *Schrödingersche Differentialgleichung*

$$\Delta\psi + \frac{8\pi^2 m_0}{h^2}(E - U)\psi = 0 \tag{4.101}$$

eine fundamentale Rolle. Dabei ist $h$ die Plancksche Konstante, $m_0$ die Masse des Elektrons, $U$ seine potentielle Energie, $E$ eine das Energieniveau bestimmende Konstante und $\psi(r, \vartheta, \varphi)$ die sogenannte Wellenfunktion. Zur Beschreibung des Wasserstoffatoms verwenden wir das Coulombsche Potential $U = -\dfrac{e^2}{r}$, wobei $e$ die Ladung des Elektrons und $r$ sein Abstand vom positiven Kern ist.

Die Schrödingersche Differentialgleichung muß eine Lösung haben, die im gesamten Raum erklärt ist und im Unendlichen beschränkt bleibt. Für Polarkoordinaten geht sie nach (4.4) über in:

$$\frac{\partial^2\psi}{\partial r^2} + \frac{2}{r}\frac{\partial\psi}{\partial r} + \frac{1}{r^2}\left\{\frac{1}{\sin\vartheta}\frac{\partial}{\partial\vartheta}\left(\sin\vartheta\frac{\partial\psi}{\partial\vartheta}\right) + \frac{1}{\sin^2\vartheta}\frac{\partial^2\psi}{\partial\varphi^2}\right\}$$
$$+ \frac{8\pi^2 m_0}{h^2}\left(E + \frac{e^2}{r}\right)\psi = 0.$$

Setzt man darin $\psi = R(r)\,S(\vartheta, \varphi)$ und separiert die Variablen, so erhält man:

$$\frac{r^2}{R}\left\{\frac{d^2R}{dr^2} + \frac{2}{r}\frac{dR}{dr} + \frac{8\pi^2 m_0}{h^2}\left(E + \frac{e^2}{r}\right)R\right\} = -\frac{1}{S}\left\{\frac{1}{\sin\vartheta}\frac{\partial}{\partial\vartheta}\left(\sin\vartheta\frac{\partial S}{\partial\vartheta}\right) + \frac{1}{\sin^2\vartheta}\frac{\partial^2 S}{\partial\varphi^2}\right\}.$$

Beide Seiten müssen gleich derselben Konstanten $\alpha$ sein. Für die rechte Seite ergibt sich daraus die Differentialgleichung

$$\frac{1}{\sin\vartheta}\frac{\partial}{\partial\vartheta}\left(\sin\vartheta\frac{\partial S(\vartheta,\varphi)}{\partial\vartheta}\right) + \frac{1}{\sin^2\vartheta}\frac{\partial^2 S(\vartheta,\varphi)}{\partial\varphi^2} + \alpha S(\vartheta,\varphi) = 0,$$

die nur für $\alpha = -n(n+1)$ auf der gesamten Kugeloberfläche eindeutige und reguläre Lösungen hat. Somit erhalten wir als Lösungen die Kugelflächenfunktion $S_n(\vartheta, \varphi)$.

Aus der linken Seite obiger Gleichung erhalten wir dann zur Bestimmung von $R(r)$ die gewöhnliche Differentialgleichung:

$$\frac{d^2R}{dr^2} + \frac{2}{r}\frac{dR}{dr} + \left(\frac{8\pi^2 m_0}{h^2}E + \frac{8\pi^2 m_0 e^2}{h^2 r} - \frac{n(n+1)}{r^2}\right)\cdot R = 0,$$

deren Lösung hier nicht untersucht werden soll [10]. Im Fall $E < 0$ (Ellipsenbahnen) findet man mittels des Ansatzes $R = e^{-\varrho/2}\cdot\varrho^n\cdot w(\varrho)$, $\varrho = \dfrac{2r}{r_0}$, für $w(\varrho)$ Polynomlösungen. Die Abbruchbedingung der Potenzreihenentwicklungen für die Lösungen führt zu allein möglichen Werten für die Energie:

$$E_l = \frac{2\pi^2 m_0^2 e^4}{h^2 l^2}$$

mit $l = p + n + 1$ (Hauptquantenzahl), $p$ Grad des Polynoms. Dies sind die bekannten Energiestufen des Wasserstoffatoms, die auch aus dem Bohrschen Modell gewonnen werden können.

Die zum „Eigenwert“ $E_l$ gehörenden „Eigenfunktionen“ lauten

$$\psi_l = e^{-\varrho/2}\varrho^n\cdot w_p(\varrho)\,P_n^m(\cos\vartheta)\begin{Bmatrix}\cos m\varphi\\ \sin m\varphi\end{Bmatrix};\; p = l - n - 1.$$

Der Faktor $e^{-\varrho/2}$ gewährleistet das Verschwinden im Unendlichen. Bei jedem vorgegebenen Wert von $l$ kann $n$ wegen $l = p + n + 1$ von 0 bis $l - 1$ laufen, und zu jedem Wert von $n$ gibt es $2n + 1$ Kugelfunktionen, so daß die Zahl der möglichen Eigenfunktionen $E_l$ durch

$$z = \sum_{n=0}^{l-1}(2n+1) = l^2$$

gegeben ist.

# 5. Hypergeometrische Funktionen

## 5.1. Definition

Wir betrachten die von Gauß eingeführte *hypergeometrische Differentialgleichung*

$$z(1-z)\frac{d^2u}{dz^2}+\{c-(a+b+1)z\}\frac{du}{dz}-abu=0, \tag{5.1}$$

wobei $a, b, c$ gegebene komplexe Zahlen und $u(z)$ eine gesuchte, zweimal differenzierbare Funktion der komplexen Variablen $z$ bezeichnet.

Diese Differentialgleichung gehört zu einer umfangreichen Klasse von Differentialgleichungen 2. Ordnung, für die es eine Lösungstheorie gibt, die wir aber hier nicht darstellen [10, 11]. Wir beschränken uns darauf, Lösungen von (5.1) in der Nähe des Nullpunktes $z = 0$ zu suchen und machen aus diesem Grunde den Potenzreihenansatz:

$$u(z)=z^{\alpha}\left(1+\sum_{n=1}^{\infty}a_nz^n\right)\quad \text{mit}\quad \alpha \text{ reell.} \tag{5.2}$$

Es gilt:

$$\frac{du}{dz}=\alpha z^{\alpha-1}\left(1+\sum_{n=1}^{\infty}a_nz^n\right)+z^{\alpha}\sum_{n=1}^{\infty}a_nnz^{n-1},$$

$$\frac{d^2u}{dz^2}=\alpha(\alpha-1)z^{\alpha-2}\left(1+\sum_{n=1}^{\infty}a_nz^n\right)+\alpha z^{\alpha-1}\sum_{n=1}^{\infty}a_nnz^{n-1}+\alpha z^{\alpha-1}\sum_{n=1}^{\infty}a_nnz^{n-1}$$
$$+z^{\alpha}\sum_{n=2}^{\infty}a_nn(n-1)z^{n-2}.$$

Einsetzen in die Differentialgleichung (5.1) ergibt:

$$\Bigg[\alpha(\alpha-1)z^{\alpha-1}(1-z)\left(1+\sum_{n=1}^{\infty}a_nz^n\right)+2\alpha z^{\alpha}(1-z)\sum_{n=1}^{\infty}a_nnz^{n-1}$$
$$+z^{\alpha+1}(1+z)\sum_{n=2}^{\infty}a_nn(n-1)z^{n-2}+\{c-(a+b+1)z\}\left(\alpha z^{\alpha-1}\left(1+\sum_{n=1}^{\infty}a_nz^n\right)\right.$$
$$\left.+z^{\alpha}\sum_{n=1}^{\infty}a_nnz^{n-1}\right)-abz^{\alpha}\left(1+\sum_{n=1}^{\infty}a_nz^n\right)\Bigg]=0. \tag{5.3}$$

Gelingt es, $\alpha, a_1, a_2, \ldots$ so zu wählen, daß Gleichung (5.3) identisch in $z$ erfüllt ist, so führt der obige Ansatz (5.2) zum Ziel. Wir führen nun einen Koeffizientenvergleich durch, indem wir fordern, daß nach Umordnung nach $z$-Potenzen alle Faktoren dieser Potenzfunktionen gleich null sind. Die kleinste in (5.3) auftretende $z$-Potenz ist $\alpha - 1$. Als Faktor für $z^{\alpha-1}$ erhält man aus (5.3) nach einfacher Rechnung

$$\alpha(\alpha-1)+c\alpha=0. \tag{5.4}$$

Dies ist die „charakteristische Gleichung" [10] für die Differentialgleichung (5.1). Ihre Lösungen $\alpha_1 = 0$, $\alpha_2 = 1 - c$ führen uns zu zwei i. allg. voneinander verschiedenen Lösungen von Differentialgleichung (5.1). Wir betrachten nachfolgend, da wir uns insbesondere für bei $z = 0$ holomorphe

Lösungen interessieren, den Fall $\alpha_1 = 0$. In diesem Fall vereinfacht sich Gleichung (5.3) wesentlich und geht über in

$$\sum_{n=2}^{\infty} a_n n(n-1) z^{n-1} - \sum_{n=2}^{\infty} a_n n(n-1) z^n + c \sum_{n=1}^{\infty} a_n n z^{n-1}$$
$$- (a+b+1) \sum_{n=1}^{\infty} a_n n z^n - ab - ab \sum_{n=1}^{\infty} a_n z^n = 0. \tag{5.5}$$

Wegen

$$\sum_{n=2}^{\infty} a_n n(n-1) z^{n-1} = \sum_{n=1}^{\infty} a_{n+1}(n+1) n z^n$$

und

$$\sum_{n=1}^{\infty} a_n n z^{n-1} = a_1 + \sum_{n=1}^{\infty} a_{n+1}(n+1) z^n$$

kann (5.5) unter Konvergenzvoraussetzungen auch in der Form

$$\sum_{n=1}^{\infty} \{a_{n+1}(n+1) n - a_n n(n-1) + c a_{n+1}(n+1) - (a+b+1) a_n n - ab a_n\} z^n$$
$$+ c a_1 - ab = 0 \tag{5.6}$$

geschrieben werden. Der erwähnte Koeffizientenvergleich kann nun sofort durchgeführt werden, und man erhält:

$$c a_1 - ab = 0 \Rightarrow a_1 = \frac{ab}{c}; \quad c \neq 0, \tag{5.7}$$

$$a_{n+1}\big((n+1) n + c(n+1)\big) - a_n\big(n(n-1) + (a+b+1) n + ab\big) = 0 \tag{5.8}$$

für $n = 1, 2, 3, \ldots$

Gl. (5.8) liefert uns unmittelbar die Rekursionsformel

$$a_{n+1} = \frac{(a+n)(b+n)}{(n+1)(c+n)} a_n; \quad n = 1, 2, \ldots \tag{5.9}$$

Benutzen wir noch (5.7), so kann man hieraus leicht die explizite Darstellung der $a_n$ gewinnen:

$$a_n = \frac{a(a+1) \ldots (a+n-1) b(b+1) \ldots (b+n-1)}{n! \, c(c+1) \ldots (c+n-1)}; \quad n = 1, 2, \ldots \tag{5.10}$$

Die unendliche Reihe

$$1 + \sum_{n=1}^{\infty} \frac{a(a+1) \ldots (a+n-1) b(b+1) \ldots (b+n-1)}{n! \, c(c+1) \ldots (c+n-1)} z^n \tag{5.11}$$

ist also Lösung von Differentialgleichung (5.1).

Setzt man $a = 1$ und $b = c$ so reduziert sich (5.11) auf die bekannte geometrische Reihe. Da Formel (5.11) also eine Verallgemeinerung der geometrischen Reihe darstellt, nennt man sie *hypergeometrische Reihe*, und die durch sie in $|z| < 1$ definierte holomorphe Funktion heißt *hypergeometrische Funktion*. Wir bezeichnen diese mit $F(a, b, c; z)$. Also ist

$$u_1(z) = F(a, b, c; z)$$

$$= 1 + \sum_{n=1}^{\infty} \frac{a(a+1)\dots(a+n-1)\,b(b+1)\dots(b+n-1)}{n!\,c(c+1)\dots(c+n-1)} z^n \tag{5.12}$$

eine in $|z| < 1$ holomorphe Lösung von (5.1). Es erweist sich weiterhin, daß $F$ bei $z = 1$ einen Verzweigungspunkt besitzt und daß, wenn die $z$-Ebene von $+1$ nach $+\infty$ entlang der reellen Achse aufgeschnitten wird, $F(a, b, c; z)$ eine holomorphe Funktion in der aufgeschnittenen Ebene darstellt.

Wir bemerken abschließend, daß die zweite Lösung $\alpha_2 = 1 - c$ der charakteristischen Gl. (5.4) für $c \neq 1$ zur von $F(a, b, c; z)$ linear unabhängigen Lösung

$$u_2(z) = z^{1-c} F(a - c + 1, b - c + 1, 2 - c; z) \tag{5.13}$$

führt, so daß im Falle $c \neq 1$ die allgemeine Lösung der Differentialgleichung (5.1)

$$u(z) = AF(a, b, c; z) + Bz^{1-c} F(a - c + 1, b - c + 1, 2 - c; z) \tag{5.14}$$

für $|z| < 1$ vorliegt.

*Aufgabe 5.1:* Man leite die Lösung $u_2(z)$ der Differentialgleichung (5.1) her!

## 5.2. Einige Eigenschaften

Die hypergeometrische Funktion $F(a, b, c; z)$ enthält als Spezialfälle eine große Anzahl z. B. auch elementarer Funktionen [1].

*Beispiel 5.1:*

$$F(-n, \beta, \beta; -z) = (1 + z)^n, \tag{5.15}$$

$$zF(1, 1, 2; -z) = \log(1 + z), \tag{5.16}$$

$$\lim_{\beta \to 0} F\left(1, \beta, 1; \frac{z}{\beta}\right) = e^z. \tag{5.17}$$

Zum Beweis betrachten wir beispielsweise (5.16)

$$zF(1, 1, 2; -z) = z + z \sum_{n=1}^{\infty} \frac{(1 \cdot 2 \dots n)(1 \cdot 2 \dots n)(-z)^n}{n!\, 2 \cdot 3 \dots n(n+1)}$$

$$= z + \sum_{n=1}^{\infty} \frac{(-1)^n}{n+1} z^{n+1} = \sum_{n=0}^{\infty} \frac{(-1)^n}{n+1} z^{n+1}$$

$$= \sum_{n=1}^{\infty} \frac{(-1)^{n-1}}{n} z^n = \log(1 + z).$$

Benutzen wir die in Abschnitt 2. behandelte $\Gamma$-Funktion, so erhalten wir

$$\begin{aligned}
\Gamma(d+1) &= d\Gamma(d), \\
\Gamma(d+2) &= (d+1)\,\Gamma(d+1) = (d+1)\,d\Gamma(d), \\
&\vdots \qquad\qquad \vdots \\
\Gamma(d+n) &= (d+n-1)\ldots(d+1)\,d\Gamma(d).
\end{aligned} \tag{5.18}$$

Indem wir uns für $d$ die Werte $a, b, c$ eingesetzt denken und Formel (5.18) anwenden, erhalten wir für $\operatorname{Re}(c-a-b) > 0$ die folgende Darstellung der hypergeometrischen Funktion:

$$F(a, b, c; z) = \frac{\Gamma(c)}{\Gamma(a)\,\Gamma(b)} \sum_{n=0}^{\infty} \frac{\Gamma(a+n)\,\Gamma(b+n)}{n!\,\Gamma(c+n)} z^n. \tag{5.19}$$

Unter der gleichen Bedingung $\operatorname{Re}(c-a-b) > 0$ kann man zeigen, daß

$$F(a, b, c; 1) = \frac{\Gamma(c)\,\Gamma(c-a-b)}{\Gamma(c-a)\,\Gamma(c-b)} \tag{5.20}$$

gilt.

## 5.3. Integraldarstellungen und asymptotische Formeln

Von besonderer Bedeutung ist die Darstellung der hypergeometrischen Funktion mit Hilfe von Integraldarstellungen (*Mellin-Barnes-Integral*). Wir betrachten dazu

$$\frac{1}{2\pi i} \int_{-\infty i}^{+\infty i} \frac{\Gamma(a+s)\,\Gamma(b+s)\,\Gamma(-s)}{\Gamma(c+s)} (-z)^s \,ds \tag{5.21}$$

mit $|\operatorname{arc}(-z)| < \pi$. Der Integrationsweg ist (wenn notwendig) gekrümmt, um zu garantieren, daß die Pole $s = -a-n,\ -b-n\ (n = 0, 1, 2, \ldots)$ von $\Gamma(a+s) \times \Gamma(b+s)$ links, die Pole $s = 0, 1, 2, \ldots$ von $\Gamma(-s)$ rechts von diesem Weg liegen (Bild 5.1). Dabei sind $a, b \geqq 0$ und $c$ reell.

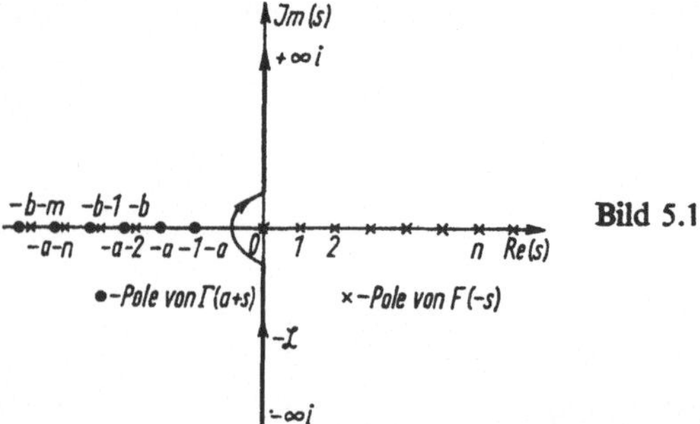


Bild 5.1

Mit Hilfe des Residuensatzes erhalten wir bei Verwendung der asymptotischen Eigenschaften der Gammafunktion (vgl. [11]) die folgende Integraldarstellung der hypergeometrischen Funktion $F(a, b, c; z)$:

$$F(a, b, c; z) = \frac{\Gamma(c)}{\Gamma(a)\,\Gamma(b)} \frac{1}{2\pi i} \int_{-\infty i}^{+\infty i} \frac{\Gamma(a+s)\,\Gamma(b+s)\,\Gamma(-s)}{\Gamma(c+s)} (-z)^s \,ds. \tag{5.22}$$

Diese Darstellung leistet die analytische Fortsetzung der in $|z| < 1$ durch (5.12) definierten hypergeometrischen Funktion $F(a, b, c; z)$ in $|\operatorname{arc} z| \leqq \pi - \delta$, $\delta > 0$, und sie ist auch sinnvoll für $\operatorname{Re}(a) > 0$, $\operatorname{Re}(b) > 0$, $c$ beliebig komplex.

Nachteil unserer bisherigen Betrachtungen ist es, daß noch keine Formeln bekannt sind, die das Verhalten der hypergeometrischen Funktion für $|z| > 1$ genügend genau und genügend einfach beschreiben. Zu diesem Zwecke betrachten wir

$$\frac{1}{2\pi i} \int_{\mathfrak{C}_1} \frac{\Gamma(a+s)\,\Gamma(b+s)\,\Gamma(-s)}{\Gamma(c+s)} (-z)^s \,\mathrm{d}s \tag{5.23}$$

mit $a, b > 0$, $c$ reell. Hierbei ist $\mathfrak{C}_1$ ein Halbkreis mit Radius $N_1$, der links von der imaginären Achse liegt und dessen Mittelpunkt der Nullpunkt ist. Mit entsprechenden Methoden wie oben kann man zeigen, daß das Integral in (5.23) gegen 0 geht, sofern $N_1$ in der Weise gegen unendlich geht, daß ein positiver Abstand von $\mathfrak{C}_1$ zu den Polen $s = -a - n$, $s = -b - n$, $n = 0, 1, 2, \ldots$, existiert, sofern nur $|z| > 1$ und $|\operatorname{arc}(-z)| < \pi$ gilt. Deshalb gilt (wiederum nach dem Residuensatz)

$$\begin{aligned} &\frac{1}{2\pi i} \int_{-\infty i}^{+\infty i} \frac{\Gamma(a+s)\,\Gamma(b+s)\,\Gamma(-s)}{\Gamma(c+s)} (-z)^s \,\mathrm{d}s \\ &= \sum_{n=0}^{\infty} \frac{\Gamma(a+n)\,\Gamma(1-c+a+n)}{\Gamma(1+n)\,\Gamma(1-b+a+n)} \cdot \frac{\sin(c-a-n)\,\pi(-z)^{-a-n}}{\cos n\pi \sin(b-a-n)\,\pi} \\ &+ \sum_{n=0}^{\infty} \frac{\Gamma(b+n)\,\Gamma(1-c+b+n)}{\Gamma(1+n)\,\Gamma(1-a+b+n)} \cdot \frac{\sin(c-b-n)\,\pi}{\cos n\pi \sin(a-b-n)\,\pi} (-z)^{-b-n} \end{aligned} \tag{5.24}$$

für $|\operatorname{arc}(-z)| < \pi$, $|z| > 1$. Man erkennt nach Vereinfachungen von (5.24), daß die analytische Fortsetzung der Reihen, durch die die hypergeometrische Funktion ursprünglich definiert wurde, auch durch folgende Funktionalgleichung gegeben ist:

$$\begin{aligned} \frac{\Gamma(a)\,\Gamma(b)}{\Gamma(c)} F(a, b, c; z) &= \frac{\Gamma(a)\,\Gamma(a-b)}{\Gamma(a-c)} \cdot (-z)^{-a} F\left(a, 1-c+a, 1-b+a; \frac{1}{z}\right) \\ &+ \frac{\Gamma(b)\,\Gamma(b-a)}{\Gamma(b-c)} (-z)^{-b} F\left(b, 1-c+b, 1-a+b; \frac{1}{z}\right), \end{aligned} \tag{5.25}$$

$|\operatorname{arc}(-z)| < \pi$. Man sieht außerdem, daß jeder der drei Terme in Gleichung (5.25) Lösung der hypergeometrischen Differentialgleichung (5.1) ist.

Eine andere Integraldarstellung ist

$$F(a, b, c; z) = \frac{\Gamma(c)}{\Gamma(b)\,\Gamma(c-b)} \int_0^1 t^{b-1} (1-t)^{c-b-1} (1-tz)^{-a} \,\mathrm{d}t$$

$$(\operatorname{Re}(c) > \operatorname{Re}(b) > 0). \tag{5.26}$$

Diese Integraldarstellung liefert ebenfalls eine analytische Fortsetzung der durch die (für $|z| < 1$ konvergente) Taylorreihe (5.11) definierte hypergeometrische Funktion $F(a, b, c; z)$.

Das Integral in (5.26) stellt nämlich eine holomorphe Funktion in der entlang der positiven reellen Achse von 1 nach $\infty$ aufgeschnittenen $z$-Ebene dar.

Abschließend erwähnen wir noch zwei einfach zu handhabende asymptotische Formeln für die hypergeometrische Funktion:

$$F(a, b, c; z) = e^{-i\pi a} \frac{\Gamma(c)}{\Gamma(c-a)} (bz)^{-a} [1 + O(|bz|^{-1})] \tag{5.27}$$

$$+ \frac{\Gamma(c)}{\Gamma(a)} e^{bz} (bz)^{a-c} [1 + O(|bz|^{-1})] \quad \left(-\frac{3\pi}{2} < \operatorname{arc}(bz) < \frac{\pi}{2}\right),$$

$$F(a, b, c; z) = e^{i\pi a} \frac{\Gamma(c)}{\Gamma(c-a)} (bz)^{-a} [1 + O(|bz|^{-1})] \tag{5.28}$$

$$+ \frac{\Gamma(c)}{\Gamma(a)} e^{bz} (bz)^{a-c} [1 + O(|bz|^{-1})] \quad (-\tfrac{1}{2}\pi < \operatorname{arc}(bz) < \tfrac{3}{2}\pi).$$

## 5.4. Darstellung der Kugelfunktionen als hypergeometrische Reihen

Es gibt viele Möglichkeiten, die verschiedenen Typen von Kugelfunktionen durch hypergeometrische Reihen darzustellen. Es sollen einige wichtige hier angegeben sein.

Setzt man in $F(a, b, c; z)$ $a = -\frac{n}{2}$, $b = \frac{1-n}{2}$, $c = \frac{1}{2} - n$, so ergibt sich

$$F\left(-\frac{n}{2}, \frac{1-n}{2}, \frac{1}{2} - n; z\right) = 1 - \frac{n(n-1)}{2(2n-1)} z + \frac{n(n-1)(n-2)(n-3)}{2 \cdot 4 \cdot (2n-1)(2n-3)} z^2 \pm \ldots,$$

und mit $z = \frac{1}{t^2}$ wird wegen (4.18)

$$P_n(t) = \frac{(2n)!}{2^n n!} t^n F\left(-\frac{n}{2}, \frac{1-n}{2}, \frac{1}{2} - n; \frac{1}{t^2}\right). \tag{5.29}$$

Der Nenner kann in (5.12) nicht verschwinden, da $c$ niemals ganz ist. Im Falle ganzzahliger nichtnegativer $n$ bricht die Reihe für gerades $n$ – da $a$ negativ ganz oder 0 ist – und für ungerades $n$ – weil dann $b$ negativ ganz oder 0 ist – ab.

Setzt man $a = \frac{n+1}{2}$, $b = \frac{n}{2} + 1$, $c = \frac{2n+3}{2}$, so ergibt sich

$$F\left(\frac{n+1}{2}, \frac{n}{2} + 1, \frac{2n+3}{2}; z\right) = 1 + \frac{(n+1)(n+2)}{2(2n+3)} z$$

$$+ \frac{(n+1)(n+2)(n+3)(n+4)}{2 \cdot 4 \cdot (2n+3)(2n+5)} z^2 + \ldots,$$

und mit $z = \frac{1}{t^2}$ wird wegen (4.65)

$$Q_n(t) = \frac{2^n (n!)^2}{(2n+1)!} \frac{1}{t^{n+1}} F\left(\frac{n+1}{2}, \frac{n}{2} + 1, \frac{2n+3}{2}; \frac{1}{t^2}\right). \tag{5.30}$$

Setzt man in der hypergeometrischen Differentialgleichung (5.1)

$$z(1-z)\frac{d^2u}{dz^2} + [c-(a+b+1)z]\frac{du}{dz} - abu = 0,$$

$a = m - n, b = m + n + 1, c = m + 1$, so erhält man

$$z(1-z)\frac{d^2u}{dz^2} + (m+1)(1-2z)\frac{du}{dz} + [n(n+1) - m(m+1]\,u = 0.$$

Wir substituieren $z = \frac{1-t}{2}$ und bekommen:

$$(1-t^2)\frac{d^2u}{dt^2} - 2(m+1)\,t\frac{du}{dt} + [n(n+1) - m(m+1)]\,u = 0.$$

Schließlich führt die erneute Substitution $v(t) = (1-t^2)^{\frac{m}{2}}u(t)$ nach kurzer Rechnung zu der Differentialgleichung für $v(t)$

$$(1-t^2)\frac{d^2v}{dt^2} - 2t\frac{dv}{dt} + \left[n(n+1) - \frac{m^2}{1-t^2}\right]v = 0.$$

Dies ist die Differentialgleichung (4.43) für die zugeordneten Legendreschen Polynome $P_n^m(t)$. Wir beachten, daß eine Lösung von (5.1) die Reihe $F(a, b, c; z)$ ist, und daher ist bei Berücksichtigung der vorgenommenen Einsetzungen

$$P_n^m(t) = C_{n,m}(1-t^2)^{\frac{m}{2}}F\left((m-n, m+n+1, m+1; \frac{1-t}{2}\right).$$

Die Konstante $C_{n,m}$ erhält man aus der Übereinstimmung der höchsten Entwicklungskoeffizienten. Zunächst beachten wir, daß die hypergeometrische Reihe für $0 \leqq m \leqq n$ abbricht, und zwar mit dem Glied $\left(\frac{1-t}{2}\right)^{n-m}$. Der entsprechende Koeffizient ist

$$\frac{(m-n)(m-n+1)\dots(-1)(m+n+1)(m+n+2)\dots 2n}{1\cdot 2\dots(n-m)(m+1)(m+2)\dots n}$$

$$= (-1)^{n-m}\frac{m!(2n)!}{n!(m+n)!};$$

$t^{n-m}$ hat daher den Koeffizienten $\frac{m!(2n)!}{2^{n-m}n!(m+n)!}$. Nach (4.49) ist der Koeffizient von $t^{n-m}$ in $P_n^m(t)(1-t^2)^{-\frac{m}{2}}$: $\frac{(2n)!}{2^n n!(n-m)!}$. Es wird

$$C_{n,m} = \frac{2^{n-m}n!(m+n)!}{m!(2n)!}\,\frac{(2n)!}{2^n n!(n-m)!} = \frac{(m+n)!}{2^m m!(n-m)!}.$$

Somit ergibt sich eine Darstellung der zugeordneten Legendreschen Funktionen mittels einer hypergeometrischen Reihe:

$$P_n^m(t) = \frac{1}{2^m m!}\frac{(n+m)!}{(n-m)!}(1-t^2)^{\frac{m}{2}}F\left(m-n, m+n+1, m+1; \frac{1-t}{2}\right). \quad (5.31)$$

# Anhang: Zusammenstellung wichtiger Formeln

## 1. Orthogonale Funktionensysteme

Skalares Produkt zweier Funktionen $f(x)$ und $g(x)$ auf $[a, b]$:

$$(f, g) = \int_a^b f(x)\, g(x)\, \mathrm{d}x \tag{1.9}$$

Norm von $f(x)$:

$$\|f\| = \sqrt{(f,f)} = \sqrt{\int_a^b f^2(x)\, \mathrm{d}x} \tag{1.10}$$

Normiertes Orthogonalsystem $\varphi_\nu'(x)$, $\nu = 1, 2, 3, \dots$, auf $[a, b]$:

$$(\varphi_\nu', \varphi_\mu') = \begin{cases} 0 & \text{für} \quad \mu \neq \nu \\ 1 & \text{für} \quad \mu = \nu \end{cases} \tag{1.11b}$$

## 2. Gammafunktion

Eulersche Integraldarstellung der Gammafunktion $\Gamma(z)$:

$$\Gamma(z) = \int_0^\infty t^{z-1} \mathrm{e}^{-t}\, \mathrm{d}t \quad \text{für} \quad \mathrm{Re}(z) > 0 \tag{2.3}$$

Funktionalgleichung der Gammafunktion:

$$\Gamma(z+1) = z\Gamma(z), \qquad \Gamma(1) = 1 \tag{2.4}$$

Spezielle Werte: $z = n$, natürliche Zahl

$$\Gamma(n) = (n-1)! \qquad \Gamma(1) = 0! = 1 \tag{2.6}$$

Darstellung der Gammafunktion für beliebige $z$ als meromorphe Funktion:

$$\Gamma(z) = \sum_{n=0}^\infty \frac{(-1)^n}{n!} \frac{1}{z+n} + \int_1^\infty e^{-t} t^{z-1}\, \mathrm{d}t \tag{2.7}$$

$$\mathrm{Res}\, \Gamma(z)\,|_{z=-n} = \frac{(-1)^n}{n!} \text{ (Residuum von } \Gamma(z)\text{)}$$

Darstellung als Grenzwert (nach Gauß):

$$\Gamma(z) = \lim_{n \to \infty} \frac{n^z n!}{z(z+1) \dots (z+n)} \quad \text{für} \quad z \neq 0, -1, -2, \dots \tag{2.8}$$

Weierstraßsche Produktdarstellung

$$\frac{1}{\Gamma(z)} = z e^{cz} \prod_{n=1}^\infty \left(1 + \frac{z}{n}\right) \mathrm{e}^{-\frac{z}{n}}, \qquad c = \lim_{n \to \infty} \left(\sum_{k=1}^\infty \frac{1}{k} - \ln n\right) \approx 0{,}5772157 \tag{2.9}$$

(Eulersche Konstante)

Orthogonale Polynome

| | Laguerresche | Hermitesche | Tschebyschewsche | Legendresche |
|---|---|---|---|---|
| Darstellung | $L_n(x) = n! \sum_{k=0}^{n} \frac{(-1)^k}{k!} \binom{n}{k} x^k$ (1.19) | $H_n(x) = (-1)^n e^{x^2} \frac{d^n e^{-x^2}}{dx^n}$ (1.28) | $T_n(x) = \frac{\cos n\vartheta}{2^{n-1}} = \frac{\cos(n \arccos x)}{2^{n-1}}$, $n \geqq 1$, $T_0(x) = 1$ (1.33) | $P_n(x) = \frac{1}{2^n n!} \sum_{k=0}^{\left[\frac{n}{2}\right]} (-1)^k \times \binom{n}{k} \frac{(2n-2k)!}{(n-2k)!} x^{n-2k}$ (4.16) |
| Erzeugende Funktion | $\frac{e^{-\frac{xt}{1-t}}}{1-t}$ (1.18) | $e^{-t^2+2tx}$ (1.27) | $\frac{1-t^2}{1-2tx+t^2}$, $\|t\| < 1$ | $\frac{1}{\sqrt{1+t^2-2xt}}$, $\|t\| \leqq 1$ (4.15) |
| Normiertes Orthogonalsystem | $\frac{1}{n!} e^{-\frac{x}{2}} L_n(x)$ auf $[0, \infty]$ | $\frac{H_n(x) e^{-\frac{x^2}{2}}}{\sqrt{2^n n! \sqrt{n}}}$ auf $[-\infty, +\infty]$ | $\frac{1}{\sqrt{2\pi}}$, $\frac{2^n}{\sqrt{2\pi}} \frac{T_n(x)}{\sqrt[4]{1-x^2}} = \cos n\vartheta \sqrt{\frac{2}{\pi \sin \vartheta}}$, $n = 1, 2, \ldots$ auf $I = [-1, +1]$, $x \in I$ | $\sqrt{\frac{2n+1}{2}} P_n(x)$ auf $[-1, +1]$ |
| Rekursionsformel | $L_{n+1}(x) - (2n+1-x) \times L_n(x) + n^2 L_{n-1}(x) = 0$, $n = 1, 2, 3, \ldots$ (1.23) | $H_{n+1}(x) - 2xH_n(x) + 2nH_{n-1}(x) = 0$, $n = 1, 2, 3, \ldots$ (1.31) | $T_{n+1}(x) - xT_n(x) + \frac{1}{4}T_{n-1}(x) = 0$, $n = 2, 3, \ldots$; $T_2 - xT_1 + \frac{1}{4}T_0 = -\frac{1}{4}$; $T_1 - xT_0 = 0$ | $(n+1) P_{n+1}(x) - (2n+1) xP_n(x) + nP_{n-1}(x) = 0$, $n = 0, 1, 2, \ldots$ Formel von Bonnet (4.23) |
| Differentialgleichung für $n = 0, 1, 2, \ldots$ | $xy'' + (1-x) y' + ny = 0$ (1.26) | $y'' - 2xy' + 2ny = 0$ (1.32) | $(1-x^2) y'' - xy' + n^2 y = 0$ | $(1-x^2) y'' - 2xy' + n(n+1) y = 0$ (4.11) |

Hankelsche Integraldarstellung

$$\Gamma(z) = \frac{-1}{2\mathrm{i}\sin\pi z}\int\limits_{\infty}^{(0^+)}(-t)^{z-1}\mathrm{e}^{-t}\mathrm{d}t, \quad z \neq 0, \pm 1, \pm 2, \dots \tag{2.12}$$

Beziehung zu den trigonometrischen Funktionen:

$$\Gamma(z)\,\Gamma(1-z) = \frac{\pi}{\sin\pi z}, \quad z \neq 0, \pm 1, \pm 2, \dots \tag{2.13}$$

$$\Gamma(\tfrac{1}{2}) = \sqrt{\pi}, \qquad \Gamma(\tfrac{3}{2}) = \tfrac{1}{2}\sqrt{\pi},$$

Multiplikationstheorem von Gauß und Legendre:

$$\Gamma(z)\,\Gamma\left(z+\frac{1}{n}\right)\Gamma\left(z+\frac{2}{n}\right)\dots\Gamma\left(z+\frac{n-1}{n}\right) = (2\pi)^{\frac{1}{2}(n-1)}\,n^{\frac{1}{2}-nz}\,\Gamma(nz) \tag{2.15}$$

für $n = 1, 2, 3, \dots$

Speziell für $n = 2$ (Verdopplungssatz):

$$2^{2z-1}\Gamma(z)\,\Gamma(z+\tfrac{1}{2}) = \sqrt{\pi}\,\Gamma(2z) \tag{2.16}$$

Stirlingsche Formel:

$$\log\Gamma(z) \sim \left(z-\frac{1}{2}\right)\log z - z + \frac{1}{2}\log(2\pi) + \sum_{r=1}^{\infty}\frac{(-1)^{r-1}B_r}{2r(2r-1)z^{2r-1}} \tag{2.17}$$

für $z \to \infty$ in $|\arc z| \leq \pi - \delta$, $\delta > 0$; $B_r$ – Bernoullische Zahlen

speziell:

$$\Gamma(z) = z^{z-\frac{1}{2}}\mathrm{e}^{-z}(2\pi)^{\frac{1}{2}}\left[1 + \frac{1}{12z} + \frac{1}{288z^2} - \frac{139}{51\,840z^3} + \frac{571}{2488\,320z^4} + O\left(\frac{1}{z^5}\right)\right]$$

für $z \to \infty$ in $|\arc z| \leq \pi - \delta$, $\delta > 0$ (2.18)

Betafunktion:

$$B(p,q) = \int\limits_0^1 x^{p-1}(1-x)^{q-1}\,\mathrm{d}x, \quad \mathrm{Re}(p) > 0, \quad \mathrm{Re}(q) > 0 \tag{2.20}$$

Zusammenhang mit der Gammafunktion:

$$B(p,q) = \frac{\Gamma(p)\,\Gamma(q)}{\Gamma(p+q)} \quad \text{für} \quad \mathrm{Re}(p), \quad \mathrm{Re}(q) \neq \frac{1}{2}$$

### 3. Zylinderfunktionen

Besselsche Differentialgleichung:

$$J''(x) + \frac{1}{x}J'(x) + \left(1 - \frac{k^2}{x^2}\right)J(x) = 0 \tag{3.12}$$

oder

$$x^2J''(x) + xJ'(x) + (x^2 - k^2)\,J(x) = 0 \tag{3.13}$$

Zylinderfunktionen 1. Art bzw. Besselfunktionen als Potenzreihe:

$$J_k(x) = \sum_{n=0}^{\infty}\frac{(-1)^n}{n!\,\Gamma(n+k+1)}\left(\frac{x}{2}\right)^{2n+k}, \quad x \text{ reell} \tag{3.17}$$

Darstellung mit Hilfe einer erzeugenden Funktion mit ganzem Index:

$$J_k(z) = \frac{1}{2\pi i} \oint_{0^+} t^{-k-1} e^{\frac{z}{2}\left(t-\frac{1}{t}\right)} dt, \quad k \text{ ganz}, \quad z \text{ komplex} \tag{3.20}$$

(Besselfunktionen, Besselkoeffizienten)

Potenzreihe für $k \geqq 0$, ganzzahlig:

$$J_k(z) = \sum_{n=0}^{\infty} \frac{(-1)^n}{n!} \frac{\left(\frac{z}{2}\right)^{2n+k}}{(k+n)!}, \quad k = 0, 1, 2, \ldots, \quad |z| < \infty \tag{3.21}$$

$$J_{-k}(z) = (-1)^k J_k(z), \quad k = 1, 2, \ldots \tag{3.22}$$

Integraldarstellung:

$$J_k(z) = \frac{1}{2\pi i} \left(\frac{z}{2}\right)^k \oint_{0^+} u^{-k-1} e^{u - \frac{z^2}{4u}} du \tag{3.20'}$$

Additionstheorem:

$$J_k(z_1 + z_2) = \sum_{\substack{\nu+\mu=k \\ \nu,\mu=-\infty}}^{+\infty} J_\nu(z_1) J_\mu(z_2) \tag{3.25}$$

$$J_0(0) = 1 = J_0^2(z) + 2J_1^2(z) + 2J_2^2(z) + \ldots$$

$$|J_0(x)| \leqq 1, \qquad |J_k(x)| \leqq \frac{\sqrt{2}}{2}, \quad k = \pm 1, \pm 2, \ldots$$

Trigonometrische Funktionen als Reihen von Besselfunktionen:

$$\cos z = J_0(z) + 2 \sum_{k=1}^{\infty} (-1)^k J_{2k}(z)$$

$$\sin z = -2 \sum_{k=1}^{\infty} (-1)^k J_{2k-1}(z) \tag{3.30'}$$

Integraldarstellungen:

$$J_{2k}(z) = \frac{1}{\pi} \int_0^{\pi} \cos(z \sin\varphi) \cos 2k\varphi \, d\varphi, \quad k = 0, 1, 2, \ldots$$

$$J_{2k-1}(z) = \frac{1}{\pi} \int_0^{\pi} \sin(z \sin\varphi) \sin(2k-1)\varphi \, d\varphi, \quad k = 1, 2, \ldots \tag{3.31}$$

$$J_k(z) = \frac{1}{\pi} \int_0^{\pi} \cos(k\varphi - z\sin\varphi) \, d\varphi, \quad k = 0, 1, 2, \ldots \tag{3.34}$$

Integraldarstellung der Besselfunktionen bei komplexem Index $k = \nu$:

$$J_\nu(z) = \frac{1}{2\pi i} \left(\frac{z}{2}\right)^\nu \int_{-\infty}^{(0^+)} u^{-\nu-1} e^{u - \frac{z^2}{4u}} du; \quad z, \nu \text{ komplex} \tag{3.35}$$

Rekursionsformeln:

$$\frac{d}{dz}\left(\frac{J_\nu(z)}{z^\nu}\right) = -\frac{1}{z^\nu} J_{\nu+1}(z) \quad \text{bzw.} \quad J'_\nu(z) = -J_{\nu+1}(z) + \frac{\nu J_\nu(z)}{z} \tag{3.41}$$

$$\frac{d}{dz}(z^\nu J_\nu(z)) = z^\nu J_{\nu-1}(z) \quad \text{bzw.} \quad J'_\nu(z) = J_{\nu-1}(z) - \frac{\nu J_\nu(z)}{z} \tag{3.42}$$

$$J'_\nu(z) = \tfrac{1}{2}(J_{\nu-1}(z) - J_{\nu+1}(z)) \tag{3.43}$$

Spezielle Werte:

$$J_{\frac{1}{2}}(z) = \sqrt{\frac{2}{\pi z}} \sin z, \qquad J_{-\frac{1}{2}}(z) = \sqrt{\frac{2}{\pi z}} \cos z \qquad (3.46), (3.48)$$

Integraldarstellung (Schläfli):

$$J_\nu(z) = \frac{1}{\pi}\int_0^\pi \cos(\nu\varphi - z\sin\varphi)\,d\varphi + \frac{\sin(\nu+1)\pi}{\pi}\int_0^\infty e^{-\nu\psi - z\sinh\psi}\,d\psi \tag{3.51}$$

$\nu$ komplex, $\operatorname{Re}(z) > 0$.

Hankelsche Integraldarstellung:

$$J_\nu(z) = \frac{\Gamma\left(\frac{1}{2}-\nu\right)\left(\frac{z}{2}\right)^\nu}{2\pi i\Gamma(\frac{1}{2})} \int_{(A>0)}^{(1^+,\,-1^-)} (t^2-1)^{\nu-\frac{1}{2}} \cos(zt)\,dt \quad \text{für} \quad \nu + \tfrac{1}{2} \text{ nicht ganzzahlig} \tag{3.53}$$

Asymptotisches Verhalten für $|z| \to 0$:

$$J_\nu(z) = \frac{z^\nu}{2^\nu \Gamma(\nu+1)}[1 + O(z)] \quad \text{für} \quad |z| \to 0 \tag{3.57}$$

Asymptotisches Verhalten für $|z| \to \infty$:

$$J_\nu(z) = \sqrt{\frac{2}{\pi z}}\left[\cos\left(z - \frac{\pi}{2}\nu - \frac{\pi}{4}\right) + O(z^{-1})\right] \quad \text{für} \quad |z| \to \infty \tag{3.64}$$

in $\operatorname{Re}(z) > 0$ mit $\operatorname{Re}(\nu) > -\frac{1}{2}$

Orthogonalitätseigenschaft:

$$\int_0^l z\, J_\nu(k_1 z)\, J_\nu(k_2 z)\, dz = 0 \tag{3.77}$$

mit $k_1, k_2$ verschiedene positive Wurzeln von $J_\nu(zl) = 0$.

Wronskische Determinante:

$$W(J_\nu, J_{-\nu}) = \frac{2\sin\pi\nu}{\pi z} \tag{3.86}$$

Neumannsche Funktion (Zylinderfunktionen 2. Art):

$$N(z) = \frac{J_\nu(z)\cos\pi\nu - J_{-\nu}(z)}{\sin\pi\nu}, \quad \nu \text{ nicht ganzzahlig}$$

$$N_k(z) = \lim_{\nu\to k} N_\nu(z), \quad k \text{ ganzzahlig} \tag{3.87}$$

Hankelsche Funktionen (Zylinderfunktionen 3. Art):

$$H_\nu^{(1)}(z) = J_\nu(z) + iN_\nu(z), \qquad H_\nu^{(2)}(z) = J_\nu(z) - iN_\nu(z) \tag{3.91}$$

Fundamentalsysteme von Lösungen der Besselschen Differentialgleichung für beliebiges $\nu$:

$$J_\nu, N_\nu; \qquad H_\nu^{(1)}, H_\nu^{(2)}; \qquad H_\nu^{(1)}, J_\nu$$

$$H_\nu^{(2)}, J_\nu; \qquad H_\nu^{(1)}, N_\nu; \qquad H_\nu^{(2)}, N_\nu$$

Integraldarstellung der Hankelfunktionen:

$$H_\nu^{(1)}(z) = \frac{\Gamma(\frac{1}{2}-\nu)}{\Gamma(\frac{1}{2})\,\pi i}\left(\frac{z}{2}\right)^\nu \int_\infty^{(-1^+)} (\tau^2-1)^{\nu-\frac{1}{2}} e^{iz\tau}\,d\tau \quad \text{mit} \quad \arc(\tau^2-1) = 0 \quad \text{für} \quad \tau > 1$$

$$H_\nu^{(2)}(z) = -\frac{\Gamma(\frac{1}{2}-\nu)}{\Gamma(\frac{1}{2})\,\pi i}\left(\frac{z}{2}\right)^\nu \int_\infty^{(1^-)} (\tau^2-1)^{\nu-\frac{1}{2}} e^{iz\tau}\,d\tau \quad \text{mit} \quad \arc(\tau^2-1) = 2\pi \quad \text{für} \quad \tau > 1 \tag{3.97}$$

$$|\mathrm{Re}(z)| \leqq \frac{\pi}{2} - \varepsilon, \qquad \varepsilon > 0, \qquad \nu \neq \tfrac{1}{2} + k, \quad k \text{ ganz}$$

$$H_\nu^{(1)}(z) = \frac{e^{-\nu\frac{\pi}{2}i}}{\pi i}\int_{-\infty}^{+\infty} e^{iz\cosh u - \nu u}\,du$$

$$H_\nu^{(2)}(z) = -\frac{e^{\nu\frac{\pi}{2}i}}{\pi i}\int_{-\infty}^{+\infty} e^{-iz\cosh u - \nu u}\,du$$

Asymptotische Formeln:

$$N_\nu(z) = \sqrt{\frac{2}{\pi z}}\left[\sin\left(z - \frac{\pi}{2}\nu - \frac{\pi}{4}\right) + O(z^{-1})\right] \quad \text{für} \quad 0 < z \to \infty$$

$$H_\nu^{(1)}(z) = \sqrt{\frac{2}{\pi z}}\, e^{i\left(z-\frac{\pi}{2}\nu-\frac{\pi}{4}\right)}\,[1 + O(z^{-1})] \quad \text{für} \quad 0 < z \to \infty \tag{3.103–105}$$

$$H_\nu^{(2)}(z) = \sqrt{\frac{2}{\pi z}}\, e^{-i\left(z-\frac{\pi}{2}\nu-\frac{\pi}{4}\right)}\,[1 + O(z^{-1})] \quad \text{für} \quad 0 < z \to \infty$$

Modifizierte Besselfunktionen

$$I_\nu(z) = e^{-\frac{1}{2}\nu\pi i} J_\nu(iz) \equiv \sum_{n=0}^{\infty} \frac{1}{n!\,\Gamma(\nu+n+1)}\left(\frac{z}{2}\right)^{\nu+2n} \tag{3.108}$$

$$K_\nu(z) = -\frac{1}{2}\pi\,\frac{I_{-\nu}(z) - I_\nu(z)}{\sin \nu z} \tag{3.110}$$

$$K_\nu(z) = \sqrt{\frac{\pi}{2z}}\, e^{-z}\,[1 + O(z^{-1})] \quad \text{für} \quad 0 < z \to \infty \tag{3.112}$$

## 4. Kugelfunktionen

Differentialgleichungen

Kugelkoordinaten:
$$x = r\cos\varphi\sin\vartheta \qquad 0 \leqq r$$
$$y = r\sin\varphi\sin\vartheta \qquad 0 \leqq \varphi < 2\pi \tag{4.3}$$
$$z = r\cos\vartheta \qquad 0 \leqq \vartheta \leqq \pi$$

Potentialgleichung in Kugelkoordinaten:

$$\frac{\partial}{\partial r}\left(r^2\frac{\partial u}{\partial r}\right) + \frac{1}{\sin\vartheta}\frac{\partial}{\partial\vartheta}\left(\sin\vartheta\frac{\partial u}{\partial\vartheta}\right) + \frac{1}{\sin^2\vartheta}\frac{\partial^2 u}{\partial\varphi^2} = 0 \tag{4.4}$$

$$u = u(r, \vartheta, \varphi)$$

Differentialgleichung für Kugelflächenfunktion $S_n(\vartheta, \varphi)$:

$$u_n = r^n S_n(\vartheta, \varphi):$$

$$n(n+1)\,S_n + \frac{1}{\sin\vartheta}\frac{\partial}{\partial\vartheta}\left(\sin\vartheta\frac{\partial S_n}{\partial\vartheta}\right) + \frac{1}{\sin^2\vartheta}\frac{\vartheta^2 S_n}{\partial\varphi^2} = 0 \tag{4.7}$$

Differentialgleichung für zonale Kugelfunktion:

$$S_n(\vartheta) = P_n(\cos\vartheta) = P_n(t), \qquad \cos\vartheta = t,$$

$$n(n+1)\,S_n + \frac{1}{\sin\vartheta}\frac{\mathrm{d}}{\mathrm{d}\vartheta}\left(\sin\vartheta\frac{\mathrm{d}S_n}{\mathrm{d}\vartheta}\right) = 0 \tag{4.9}$$

Legendresche Differentialgleichung:

$$(1-t^2)\frac{\mathrm{d}^2P_n}{\mathrm{d}t^2} - 2t\frac{\mathrm{d}P_n}{\mathrm{d}t} + n(n+1)\,P_n = 0 \tag{4.11}$$

Legendresche Polynome (siehe auch S. 13), Legendresche Funktionen 1. Art

$$P_n(t) = \frac{1\cdot 3\cdot 5\ldots(2n-1)}{n!}\left[t^n - \frac{n(n-1)}{2(2n-1)}t^{n-2}\right.$$
$$\left. + \frac{n(n-1)(n-2)(n-3)}{2\cdot 4(2n-1)(2n-3)}t^{n-4} \pm \ldots\right], \quad n = 1, 2, 3, \ldots$$
$$P_0 = 1 \tag{4.18}$$

Fourierentwicklung der $P_n(t)$:

$$P_n(\cos\vartheta) = 2\frac{1\cdot 3\ldots(2n-1)}{2\cdot 4\ldots 2n}\left[\cos n\vartheta + \frac{1n}{1(2n-1)}\cos(n-2)\vartheta\right.$$
$$\left. + \frac{1\cdot 3n(n-1)}{1\cdot 2(2n-1)(2n-3)}\cos(n-4)\vartheta\ldots\right] \tag{4.21}$$

Rekursionsformeln der $P_n(t)$:

$$P_n(t) = P'_{n+1}(t) - 2tP'_n(t) + P'_{n-1}(t) \tag{4.24}$$
$$nP_n(t) = tP'_n(t) - P'_{n-1}(t) \tag{4.25}$$
$$(2n+1)P_n(t) = P'_{n+1}(t) - P'_{n-1}(t) \tag{4.26}$$
$$(n+1)\,P_n(t) = P'_{n+1}(t) - tP'_n(t) \tag{4.27}$$

Formel von Rodrigues:

$$P_n(t) = \frac{1}{2^n n!} \frac{d^n}{dt^n}(t^2 - 1)^n \tag{4.31}$$

Formel von Legendre:

$$t^n = \frac{n!}{1 \cdot 3 \cdot 5 \ldots (2n-1)} \left[ P_n(t) + (2n-3)\frac{1}{2} P_{n-2}(t) + (2n-7)\frac{2n-1}{2 \cdot 4} P_{n-4}(t) + \ldots \right] \tag{4.33}$$

Integraldarstellung für $P_n(t)$:

$$P_n(t) = \frac{1}{2^{n+1}\pi i} \int_{\mathfrak{C}} \frac{(\zeta^2 - 1)^n}{(\zeta - t)^{n+1}} d\zeta \quad \text{(Schläfli)} \tag{4.35}$$

Integrationsweg $\mathfrak{C}$ siehe S. 83 (Bild 4.5.)

$$P_n(t) = \frac{1}{2\pi i} \int_{\mathfrak{C}'} \frac{d\zeta}{\zeta^{n+1}\sqrt{1 - 2t\zeta + \zeta^2}} \tag{4.36}$$

Integrationsweg $\mathfrak{C}'$ siehe S. 83

$$P_n(t) = \frac{1}{\pi} \int_0^{\pi} \left(t + \sqrt{t^2 - 1} \cos\varphi\right)^n d\varphi \quad \text{(Laplace)} \tag{4.37}$$

$$P_n(\cos\vartheta) = \frac{\sqrt{2}}{\pi} \int_0^{\vartheta} \frac{\cos(n + \frac{1}{2})\varphi}{\sqrt{\cos\varphi - \cos\vartheta}} d\varphi \quad \text{(Mehler)} \tag{4.39a}$$

$$P_n(\cos\vartheta) = \frac{\sqrt{2}}{\pi} \int_{\vartheta}^{\pi} \frac{\sin(n + \frac{1}{2})\varphi}{\sqrt{\cos\vartheta - \cos\varphi}} d\varphi \quad \text{(Mehler)} \tag{4.39b}$$

Zugeordnete Kugelfunktionen
Differentialgleichung:

$$(1 - t^2)\frac{d^2 P_n^m}{dt^2} - 2t\frac{dP_n^m}{dt} + \left[n(n+1) - \frac{m^2}{1 - t^2}\right] P_n^m = 0 \tag{4.43}$$

Zugeordnete Kugelfunktion $m$-ter Ordnung:

$$P_n^m(t) = \sqrt{(1 - t^2)^m}\,\frac{d^m P_n(t)}{dt^m}, \qquad 0 \leqq m \leqq n \tag{4.44}$$

Formel von Rodrigues:

$$P_n^m(t) = \frac{\sqrt{(1 - t^2)^m}}{2^n n!} \frac{d^{n+m}}{dt^{n+m}}(t^2 - 1)^n \tag{4.48}$$

Rekursionsformel:

$$(2n + 1)\, t P_n^m = (n - m + 1)\, P_{n+1}^m + (n + m) P_{n-1}^m \tag{4.50}$$

Orthogonalitätsrelation:

$$\int_{-1}^{+1} P_n^m(t)\, P_r^m(t)\, \mathrm{d}t = \begin{cases} 0 & \text{für} \quad n \neq r \\ \dfrac{2}{2n+1}\, \dfrac{(n+m)!}{(n-m)!} & \text{für} \quad n = r \end{cases} \tag{4.51}$$

Integraldarstellung für $P_n^m(t)$:

$$P_n^m(t) = \frac{(n+m)!}{2^{n+1} n!\, \pi \mathrm{i}} \sqrt{(1-t^2)^m} \int_{\mathfrak{C}} \frac{(\zeta^2-1)^n}{(\zeta-t)^{n+m+1}}\, \mathrm{d}\zeta \tag{4.54}$$

$$P_n^m(t) = \frac{(n+m)!}{n!\, \pi}\, \mathrm{i}^m \int_0^{\pi} \left(t + \mathrm{i}\sqrt{1-t^2} \cos\varphi\right)^n \cos m\varphi\, \mathrm{d}\varphi \tag{4.55a}$$

Additionstheorem der Legendreschen Polynome:

$$P_n(\cos\gamma) = P_n(\cos\vartheta)\, P_n(\cos\vartheta') + 2 \sum_{m=1}^{n} \frac{(n-m)!}{(n+m)!} P_n^m(\cos\vartheta)\, P_n^m(\cos\vartheta') \cos m(\varphi - \varphi') \tag{4.84}$$

$$\cos\gamma = \cos\vartheta \cos\vartheta' + \sin\vartheta \sin\vartheta' \cos(\varphi - \varphi')$$

Legendresche Funktionen 2. Art:

$$Q_n(t) = \frac{n!}{1 \cdot 3 \cdot 5 \ldots (2n+1)}\, \frac{1}{t^{n+1}} \left[1 + \sum_{k=1}^{\infty} \frac{(n+1)(n+2)\ldots(n+2k)}{2 \cdot 4 \ldots 2k(2n+3)\ldots(2n+2k+1)}\, \frac{1}{t^{2k}}\right] \tag{4.65}$$

$$Q_0(t) = \frac{1}{2} \ln \frac{t+1}{t-1} = \operatorname{Arcoth} t, \qquad Q_1(t) = \frac{t}{2} \ln \frac{t+1}{t-1} - 1 = t \operatorname{Arcoth} t - 1 \tag{4.61}$$

$$Q_n(t) = P_n(t) \int \frac{dt}{(1-t^2)\,[P_n(t)]^2} \tag{4.63}$$

Rekursionsformel:

$$(2n+1)\, tQ_n(t) = (n+1)\, Q_{n+1}(t) + nQ_{n-1}(t), \qquad n > 0 \tag{4.68}$$

Integraldarstellungen für $Q_n(t)$:

$$Q_n(t) = \frac{1}{2^{n+1}} \int_{-1}^{+1} \frac{(1-\zeta^2)^n}{(t-\zeta)^{n+1}}\, \mathrm{d}\zeta = \int_0^{\psi_0} \left(t - \sqrt{t^2-1} \cosh\psi\right)^n \mathrm{d}\psi, \qquad \psi_0 = \frac{1}{2} \ln \frac{t+1}{t-1} \tag{4.70}$$

Zugeordnete Legendresche Funktionen 2. Art ($m$-ter Ordnung):

$$Q_n^m(t) = \sqrt{(t^2-1)^m}\, \frac{\mathrm{d}^m}{\mathrm{d}t^m} Q_n(t) \tag{4.71}$$

Tesserale Kugelfunktionen:

$$S_n^m(\vartheta, \varphi) = \begin{Bmatrix} \cos m\varphi \\ \sin m\varphi \end{Bmatrix} P_n^m(\cos\vartheta), \qquad 0 \leqq m \leqq n$$

Sektorielle Kugelfunktionen:

$$\begin{Bmatrix} \cos n\varphi \\ \sin n\varphi \end{Bmatrix} \sin n\vartheta$$

Zonale Kugelfunktionen:

$$P_n(\cos\vartheta)$$

Laplacesche Kugelfunktionen:

$$S_n(\vartheta,\varphi)=\sum_{m=0}^{n}(A_m^{(n)}\cos m\varphi+B_m^{(n)}\sin m\varphi)\,P_n^m(\cos\vartheta),\qquad A_m^{(n)},B_m^{(n)}=\text{const} \tag{4.46}$$

Orthogonalität:

$$\int_{\varphi=0}^{2\pi}\int_{\vartheta=0}^{\pi}S_n(\vartheta,\varphi)\,S_m(\vartheta,\varphi)\sin\vartheta\,d\vartheta\,d\varphi=0\quad\text{für}\quad n\neq m \tag{4.74}$$

## 5. Hypergeometrische Funktion

Hypergeometrische Differentialgleichung:

$$z(1-z)\frac{d^2u}{dz^2}+\{c-(a+b+1)z\}\frac{du}{dz}-abu=0\qquad a,b,c\ \text{komplex} \tag{5.1}$$

Hypergeometrische Funktion in Potenzreihendarstellung: (5.12)

$$F(a,b,c;z)=1+\sum_{n=1}^{\infty}\frac{a(a+1)\dots(a+n-1)\,b(b+1)\dots(b+n-1)}{n!c(c+1)\dots(c+n-1)}z^n\quad\text{für}\quad|z|<1$$

Allgemeine Lösung der hypergeometrischen Differentialgleichung in $|z|<1$:

$$u(z)=AF(a,b,c;z)+Bz^{1-c}F(a-c+1,\quad b-c+1,\ 2-c;z) \tag{5.14}$$

Darstellung mit Hilfe der Gammafunktion für $\mathrm{Re}(c-a-b)>0$:

$$F(a,b,c;z)=\frac{\Gamma(c)}{\Gamma(a)\Gamma(b)}\sum_{n=0}^{\infty}\frac{\Gamma(a+n)\Gamma(b+n)}{n!\,\Gamma(c+n)}z^n\quad\text{für}\quad|z|<1 \tag{5.19}$$

Integraldarstellung (Mellin-Barnes Integral) für $|\arc z|\leqq\pi-\delta,\ \delta>0$:

$$F(a,b,c;z)=\frac{\Gamma(c)}{\Gamma(a)\Gamma(b)}\frac{1}{2\pi i}\int_{-\infty i}^{+\infty i}\frac{\Gamma(a+s)\Gamma(b+s)\Gamma(-s)}{\Gamma(c+s)}(-z)^s\,ds \tag{5.22}$$

Funktionalgleichung für $|\arc(-z)|<\pi$:

$$\begin{aligned}\frac{\Gamma(a)\Gamma(b)}{\Gamma(c)}F(a,b,c;z)&=\frac{\Gamma(a)\Gamma(a-b)}{\Gamma(a-c)}(-z)^{-a}F\left(a,1-c+a,1-b+a;\frac{1}{z}\right)\\&+\frac{\Gamma(b)\Gamma(b-a)}{\Gamma(b-c)}(-z)^{-b}F\left(b,1-c+b,1-a+b;\frac{1}{z}\right)\end{aligned} \tag{5.25}$$

Zusammenhang zu den Kugelfunktionen:

$$P_n(t)=\frac{(2n)!}{2^n n!}t^n F\left(-\frac{n}{2},\frac{1-n}{2},\frac{1}{2}-n;\frac{1}{t^2}\right) \tag{5.29}$$

$$Q_n(t)=\frac{2^n(n!)^2}{(2n+1)!}\frac{1}{t^{n+1}}F\left(\frac{n+1}{2},\frac{n}{2}+1,\frac{2n+3}{2};\frac{1}{t^2}\right) \tag{5.30}$$

$$P_n^m(t)=\frac{1}{2^m m!}\frac{(n+m)!}{(n-m)!}\sqrt{(1-t^2)^m}\,F\left(m-n,m+n+1,m+1;\frac{1-t}{2}\right) \tag{5.31}$$

# Lösungen der Aufgaben

*1.1:* Es gilt

$$\int_a^b (\lambda f + g)^2 \,dx \geqq 0,$$

$\lambda$ beliebig reell.
Daraus folgt

$$\lambda^2(f,f) + 2\lambda(f,g) + (g,g) \geqq 0.$$

Diese Ungleichung kann für alle reellen $\lambda$ nur gelten, wenn

$$(f,g)^2 - (f,f)\ (g,g) \leqq 0$$

ist.

*1.2:* a) Die Taylorentwicklung bei $x = 0$ lautet:

$$y_T = 1 - \frac{x^2}{2} - \frac{x^4}{24}\ .$$

b) Zur Entwicklung von $y$ nach Legendreschen Polynomen berechnen wir

$$c_\nu = \frac{2\nu + 1}{2} \int_{-1}^{+1} P_\nu(x)\, f(x)\, dx.$$

Dabei ist $f(x)$ auf das Intervall $[-1, +1]$ zu beziehen, also mit $\xi = \frac{x}{2}$ wird $f(\xi) = 2 - \cosh 2\xi$, also $c_1 = c_3 = 0$ und

$$c_0 = \frac{1}{2} \int_{-1}^{+1} (2 - \cosh 2x)\, dx = 0{,}18655,$$

$$c_2 = \frac{5}{2} \int_{-1}^{+1} \frac{3}{2}\left(x^2 - \frac{1}{3}\right)(2 - \cosh 2x)\, dx = -1{,}7595,$$

$$c_4 = \frac{9}{2} \int_{-1}^{+1} \frac{105}{24}\left(x^4 - \frac{6}{7}x^2 + \frac{3}{35}\right)(2 - \cosh 2x)\, dx = -0{,}18535.$$

Wir erhalten

$$y_Q = 0{,}18655 - 1{,}7595\,\frac{3}{2}\left(x^2 - \frac{1}{3}\right) - 0{,}18535\,\frac{105}{24}\left(x^4 - \frac{6}{7}x^2 + \frac{3}{35}\right)$$

$$= 0{,}99675 - 1{,}94419\,x^2 - 0{,}81091\,x^4,$$

und für das Intervall $[-2, +2]$ wird schließlich

$$y_Q = 0{,}99675 - 0{,}48605\,x^2 - 0{,}05068\,x^4$$

die gesuchte Annäherung. Ein Vergleich des unterschiedlichen Verlaufs ergibt die folgende Wertetabelle:

| $x$ | $y$ | $y_T$ | $y_Q$ |
|---|---|---|---|
| 0,0 | 1,000 | 1,000 | 1,000 |
| 0,2 | 0,980 | 0,980 | 0,977 |
| 0,5 | 0,872 | 0,872 | 0,872 |
| 0,8 | 0,633 | 0,663 | 0,665 |
| 1,0 | 0,457 | 0,458 | 0,460 |
| 1,2 | 0,189 | 0,194 | 0,192 |
| 1,5 | −0,352 | −0,336 | −0,353 |
| 1,8 | −1,107 | −1,058 | −1,110 |
| 2,0 | −1,762 | −1,667 | −1,758 |

*1.3:* Setzt man in die trigonometrische Formel

$$2 \cos \vartheta \cos n\vartheta = \cos (n+1)\vartheta + \cos (n-1) \vartheta$$

$$x = \cos \vartheta \quad \text{und} \quad T_n(x) = \frac{\cos n\vartheta}{2^{n-1}} \tag{1.33}$$

ein, so folgt die angegebene Rekursionsformel.

Für $n = 1$ gilt:

$$T_2 - xT_1 + \tfrac{1}{4} T_0 = -\tfrac{1}{4},$$

für $n = 0$ gilt:

$$T_1 - xT_0 = 0.$$

*1.4:*

$$\begin{aligned}
\psi(x, t) &= \frac{1-t^2}{1-2xt+t^2} = -1 + \frac{2(1-xt)}{1-2xt+t^2} \\
&= -1 + \frac{2(1-xt)}{(1-t\,e^{i\vartheta})(1-t\,e^{-i\vartheta})} \\
&= -1 + \frac{1-t\,e^{i\vartheta}+1+t\,e^{-i\vartheta}}{(1-t\,e^{i\vartheta})(1-t\,e^{-i\vartheta})} \\
&= -1 + \frac{1}{1-t\,e^{i\vartheta}} + \frac{1}{1-t\,e^{-i\vartheta}} \\
&= 1 + \sum_{n=1}^{\infty} t^n e^{in\vartheta} + \sum_{n=1}^{\infty} t^n e^{-in\vartheta} \\
&= 1 + 2 \sum_{n=1}^{\infty} t^n \cos n\vartheta \\
&= 1 + \sum_{n=1}^{\infty} (2t)^n T_n(x) \\
&= \sum_{n=0}^{\infty} (2t)^n T_n(x).
\end{aligned}$$

*2.1:* Wir schreiben

$$\Gamma(z) = \int_0^\infty t^{z-1}\,e^{-t}\,dt = \int_0^1 t^{z-1}\,e^{-t}\,dt + \int_1^\infty t^{z-1}\,e^{-t}\,dt.$$

Für $\mathrm{Re}(z) > 0$ konvergiert $\int_0^1 t^{z-1}e^{-t}\,dt$ absolut und gleichmäßig, da $\int_\tau^1 t^{z-1}e^{-t}\,dt$ für beliebig kleines $\tau > 0$ monoton wächst und nach oben beschränkt ist:

$$\left|\int_\tau^1 t^{z-1}\,e^{-t}\,dt\right| \leqq \int_\tau^1 t^{\mathrm{Re}(z)-1}\,dt = 1 - \frac{\tau^{\mathrm{Re}(z)}}{\mathrm{Re}(z)} \quad \text{für} \quad \mathrm{Re}(z) > 0.$$

Da der Integrand in $z$ holomorph ist, können wir dies auch für das Integral behaupten, da absolute und gleichmäßige Konvergenz vorliegt.

Das Integral $\int_1^\infty t^{z-1}e^{-t}\,dt$ konvergiert ebenfalls absolut und gleichmäßig, ohne daß eine Einschränkung für $z$ gemacht werden muß. Da der Integrand auch im Integrationsbereich $[1, \infty)$ holomorph in $z$ ist, können wir die Holomorphie des Integrals bezüglich $z$ folgern.
(Hinweis: Für $\omega_1 < \omega_2$; $\omega_1, \omega_2$ beliebig groß schätze man

$$\left|\int_1^{\omega_2} t^{z-1}\,e^{-t}\,dt - \int_1^{\omega_1} t^{z-1}\,e^{-t}\,dt\right| = \left|\int_{\omega_1}^{\omega_2} t^{z-1}\,e^{-t}\,dt\right|$$

ab.)

*2.2:* a) $\omega(z)$ ist die in 2.1 betrachtete Funktion $\omega(z) = \int_1^\infty t^{z-1}e^{-t}\,dt$, die für alle $z$ holomorph ist. Also ist $\omega(z)$ nach Definition eine ganze Funktion.

b) Wir betrachten $\sum_{n=0}^\infty \frac{(-1)^n}{n!}\,\frac{1}{z+n}$. Hierbei werden die Glieder $z = -n$, $n = 0, 1, 2, \ldots$ sofern solche vorkommen, weggelassen, $(z \neq -n)$.
Es gilt

$$\left|\frac{(-1)^n}{n!}\,\frac{1}{z+n}\right| \leqq \frac{1}{n!}\,\frac{1}{|z+n|} \leqq \frac{1}{n!},$$

sofern $|z + n| \geqq 1$ gilt. $|z + n| \geqq 1$ bedeutet $(\mathrm{Re}(z) + n)^2 + (\mathrm{Im}(z))^2 \geqq 1$. Diese Ungleichung ist für endliches $z$ immer erfüllbar, wenn man $n$ so groß wählt, daß für $\mathrm{Re}(z) \geqq 0$ $n^2 \geqq 1 - |z|^2$ und für $\mathrm{Re}(z) < 0$ $n^2 - 2\,\mathrm{Re}(z)\,n \geqq 1 - |z|^2$ gilt. Unsere Abschätzung gilt also bestimmt für ein endliches $N_0$, d. h. für alle $n \geqq N_0$.

Da $\sum_{n=N_0}^\infty \frac{1}{n!}$ konvergiert, ist die absolute und gleichmäßige Konvergenz von $\sum_{n=0}^\infty \frac{(-1)^n}{n!}\,\frac{1}{z+n}$ für jedes endliche Gebiet der $z$-Ebene gezeigt.

*2.3:* a) Wir zeigen

$$\frac{1}{\Gamma(z)}\,\frac{1}{\Gamma(1-z)} = \frac{\sin \pi z}{\pi}.$$

Dann bilden wir

$$\begin{aligned}\frac{1}{\Gamma(z)}\,\frac{1}{\Gamma(1-z)} &= z\,e^{Cz}\prod_{n=1}^\infty\left(1+\frac{z}{n}\right)e^{-\frac{z}{n}}\,(1-z)\,e^{C(1-z)}\prod_{n=1}^\infty\left(1+\frac{1-z}{n}\right)e^{-\frac{1-z}{n}}\\ &= z(1-z)\,e^{C}\prod_{n=1}^\infty\left(1+\frac{1}{n}+\frac{z(1-z)}{n^2}\right)e^{-\frac{1}{n}}.\end{aligned}$$

Man vergleiche diesen Ausdruck mit dem unendlichen Produkt für $\sin \pi z$ und zeige die Gleichheit durch geeignete Umformungen.

b) Nach (2.12) gilt

$$\Gamma(z) = \frac{-1}{2\mathrm{i}\sin \pi z} \int_{\infty}^{(0^+)} (-t)^{z-1}\,\mathrm{e}^{-t}\,\mathrm{d}t \quad \text{für} \quad z \neq 0, \pm 1, \pm 2, \ldots.$$

Aus

$$\Gamma(z)\,\Gamma(1-z) = \frac{\pi}{\sin \pi z}$$

folgt

$$\frac{1}{\Gamma(z)} = \frac{\sin \pi z}{\pi}\,\Gamma(1-z).$$

Ersetzen wir oben $z$ durch $1-z$ und benutzen diese Formel, so entsteht

$$\frac{1}{\Gamma(z)} = \frac{\sin \pi z}{\pi}\,\frac{(-1)}{2\mathrm{i}\sin \pi(1-z)} \int_{\infty}^{(0^+)} (-t)^{-z}\,\mathrm{e}^{-t}\,\mathrm{d}t = \frac{\mathrm{i}}{2\pi} \int_{\infty}^{(0^+)} (-t)^{-z}\,\mathrm{e}^{-t}\,\mathrm{d}t\,.$$

*3.1:* Wir setzen $q = -k$ und dividieren sofort durch $x^{-k}$. Dann entsteht

$$\sum_{n=0}^{\infty}(-k)(-k-1)\,\alpha_n x^n + 2\sum_{n=1}^{\infty}(-k)\,\alpha_n n x^n + \sum_{n=2}^{\infty}\alpha_n n(n-1)\,x^n$$

$$+ (-k)\sum_{n=0}^{\infty}\alpha_n x^n + \sum_{n=1}^{\infty}\alpha_n n x^n + \sum_{n=0}^{\infty}\alpha_n x^{n+2} - \sum_{n=0}^{\infty}k^2\alpha_n x^n = 0.$$

Mit $\alpha_{-1} = 0$ ist diese Gleichung äquivalent mit

$$\sum_{n=1}^{\infty}[(n^2 - 2kn)\,\alpha_n + \alpha_{n-2}]\,x^n \equiv 0.$$

Diese Gleichung geht wiederum aus (3.15) hervor, wenn man dort $k$ durch $-k$ ersetzt. Deshalb genügt es, in der Lösung (3.17) $k$ durch $-k$ zu ersetzen.

*3.2:* Wir schreiben die komplexe Potenzreihe in der Form

$$\left(\sum_{n=0}^{\infty}\alpha_n\right)\left(\frac{z}{2}\right)^k \quad \text{mit} \quad \alpha_n = \frac{(-1)^n}{n!}\,\frac{1}{2^{2n}(k+n)!}\,z^{2n}.$$

Für festes $z$ überprüfen wir die absolute Konvergenz anhand des Quotientenkriteriums

$$\left|\frac{\alpha_{n+1}}{\alpha_n}\right| = \frac{n!\,2^{2n}(k+n)!}{n!(n+1)\,2^{2n}\,2^2(k+n)!\,(k+n+1)}\,|z|^2 = \frac{|z|^2}{(n+1)\,2^2(k+n+1)}\,.$$

Ist $z$ fest und endlich, so gilt also

$$\lim_{n\to\infty}\left|\frac{\alpha_{n+1}}{\alpha_n}\right| = 0 < 1 \quad \text{für} \quad k \neq 0, -1, -2, \ldots,$$

so daß für beliebiges endliches $z$ die absolute Konvergenz und damit auch die Konvergenz folgt.

*3.3:* a) Wir betrachten

$$\frac{\mathrm{d}}{\mathrm{d}z}\left(\frac{J_\nu(z)}{z^\nu}\right) = -\frac{1}{z^\nu}\,J_{\nu+1}(z).$$

Es gilt:

$$\frac{d}{dz}\left(\frac{J_\nu(z)}{z^\nu}\right) = \frac{d}{dz}(z^{-\nu}J_\nu(z)) = -\nu\, z^{-\nu-1}\, J_\nu(z) + z^{-\nu}\, J_\nu'(z) = z^{-\nu}\, J_{\nu+1}(z).$$

Daraus folgt:

$$J_\nu'(z) = -J_{\nu+1}(z) + \frac{\nu}{z}\, J_\nu(z).$$

b) Setzen wir in der zu beweisenden Formel $m = 1$, so erhalten wir die schon bewiesene Formel (3.41) und benutzen diese als Induktionsanfang. Dann nehmen wir die Gültigkeit unserer zu beweisenden Formel für festes $m$ an und zeigen, daß diese dann auch für $m + 1$ gilt. Hierzu ist die Reihenentwicklung von $J_{\nu+m}(z)$ zu verwenden.

*3.4:* a) Für $m = 0$ stimmt die Formel mit (3.47) überein und ist demnach richtig. Für $m = 1$ berechne man (3.48) mit Hilfe von (3.41) und wende danach für allgemeines $m$ wiederum die Methode der vollständigen Induktion an.
b) Formel (3.49) beweist man analog zum Beweis von (3.47), indem man wiederum die Potenzreihe von $J_\nu(z)$ verwendet. Die Beziehung (3.48) wird danach, wie unter a) beschrieben, gezeigt.

*3.5:* Wir verwenden die asymptotische Formel

$$J_\nu(z) = \frac{z^\nu}{2^\nu\,\Gamma(\nu+1)}\,[1 + o(z)] \quad \text{für} \quad |z| \to 0.$$

Demnach sind

$$J_{-\nu}(z) = \frac{z^{-\nu}}{2^{-\nu}\,\Gamma(1-\nu)}\,[1 + o(z)], \qquad J_\nu'(z) = \frac{\nu z^{\nu-1}}{2\nu\,\Gamma(\nu+1)}\,[1 + o(1)]\,,$$

$$J_{-\nu}'(z) = \frac{-\nu\, z^{-\nu-1}}{2^{-\nu}\,\Gamma(1-\nu)}\,[1 + o(1)].$$

Wir erhalten

$$C = \lim_{z\to 0}\left(z\left[\frac{z^\nu}{2^\nu\,\Gamma(\nu+1)}\,\frac{(-\nu)\,z^{-\nu-1}}{2^{-\nu}\,\Gamma(1-\nu)} - \frac{z^{-\nu}}{2^{-\nu}\,\Gamma(1-\nu)}\,\frac{\nu z^{\nu-1}}{2\nu\,\Gamma(\nu+1)}\right]\right)$$

$$= \frac{-2\nu}{\Gamma(\nu+1)\,\Gamma(1-\nu)} = \frac{-2}{\Gamma(\nu)\,\Gamma(1-\nu)}\,.$$

*3.6:* Mit

$$H_\nu^{(1)} = \frac{J_{-\nu} - e^{-\nu\pi i}\,J_\nu}{i\sin\pi\nu}$$

und

$$H_\nu^{(2)} = \frac{e^{\nu\pi i}\,J_\nu - J_{-\nu}}{i\sin\pi\nu}$$

bilden wir

$$W(H_\nu^{(1)}, H_\nu^{(2)}) = \begin{vmatrix} H_\nu^{(1)} & H_\nu^{(2)} \\ H_\nu^{(1)\prime} & H_\nu^{(2)\prime} \end{vmatrix} = -\frac{1}{\sin^2\pi\nu}\,[(J_{-\nu} - e^{-\nu\pi i}\,J_\nu)(e^{\nu\pi i}\,J_\nu' - J_{-\nu}')$$

$$- (J_{-\nu}' - e^{-\nu\pi i}\,J_\nu')(e^{\nu\pi i}\,J_\nu - J_{-\nu})]$$

$$= -\frac{1}{\sin^2\pi\nu}\,2i\left[\frac{e^{\nu\pi i} - e^{-\nu\pi i}}{2i}\right](J_{-\nu}J_\nu' - J_\nu J_{-\nu}')$$

$$= \frac{2i}{\sin\pi\nu}\,W(J_\nu, J_{-\nu}) = \frac{2i}{\sin\pi\nu}\,\frac{2\sin\pi\nu}{\pi z} = \frac{4i}{\pi z} \neq 0.$$

Da die Wronskische Determinante für jedes $\nu$ verschieden von 0 ist, sind die Funktionen $H_\nu^{(1)}(z)$ und $H_\nu^{(2)}(z)$ linear unabhängig.

*3.7:* Wir erhalten die Schläflische Integraldarstellung (3.144) für $\mathrm{Re}(z) > 0$, indem wir in der Formel

$$N_\nu(z) = \frac{\cot \pi\nu}{\pi} \int_0^\pi \cos(z \sin\varphi - \nu\varphi)\, d\varphi - \frac{\cos \pi\nu}{\pi} \int_0^\infty e^{-z \sinh \varphi - \nu\varphi}\, d\varphi$$

$$- \frac{\nu\pi}{\pi \sin \pi\nu} \int_0^\pi \cos(z \sin\varphi + \nu\varphi)\, d\varphi - \frac{1}{\pi} \int_0^\infty e^{-z \sinh \psi - \nu\psi}\, d\psi$$

den ersten und dritten sowie den zweiten und vierten Term zusammenfassen.

*4.1:* Da $\frac{1}{r}$ eine Potentialfunktion, also $\frac{\partial^2}{\partial x^2}\frac{1}{r} + \frac{\partial^2}{\partial y^2}\frac{1}{r} + \frac{\partial^2}{\partial z^2}\frac{1}{r} = 0$ ist, sind auch sämtliche Ableitungen von $\frac{1}{r}$ nach $x, y, z$ Potentialfunktionen. Dies folgt, wenn man die Differentialgleichung entsprechend differenziert. Ferner sind die ersten Ableitungen einer homogenen Funktion $\nu$-ten Grades homogene Funktionen $(\nu - 1)$-ten Grades. Somit sind die Ableitungen von $r^{-1}$ Kugelfunktionen von den Graden $-2, -3, \ldots$.

*4.2:* Das allgemeine homogene Polynom 3. Grades lautet:

$$u_3 = a_{300}x^3 + a_{210}x^2y + a_{120}xy^2 + a_{030}y^3$$
$$+ a_{201}x^2z + a_{102}xz^2 + a_{021}y^2z + a_{012}yz^2 + a_{003}z^3 + a_{111}xyz.$$

Nach Einsetzen in die Potentialgleichung (4.1) erhält man

$$u_3 = x(6a_{300} + 2a_{120} + 2a_{102}) + y(2a_{210} + 6a_{030} + 2a_{012})$$
$$+ z(2a_{201} + 2a_{021} + 6a_{003}) = 0,$$

also

$$a_{300} = -\tfrac{1}{3}(a_{120} + a_{102}), \quad a_{030} = -\tfrac{1}{3}(a_{210} + a_{012}), \quad a_{003} = -\tfrac{1}{3}(a_{201} + a_{021}).$$

Daraus ergibt sich die allgemeine ganze rationale Kugelfunktion 3. Grades als lineare Kombination von 7 linear unabhängigen Kugelfunktionen 3. Grades:

$$u_3 = a_{120}(xy^2 - \tfrac{1}{3}x^3) + a_{102}(xz^2 - \tfrac{1}{3}x^3) + a_{210}(x^2y - \tfrac{1}{3}y^3)$$
$$+ a_{012}(yz^2 - \tfrac{1}{3}y^3) + a_{201}(x^2z - \tfrac{1}{3}z^3) + a_{021}(y^2z - \tfrac{1}{3}z^3) + a_{111}xyz$$
$$= \sum_{\nu=1}^{7} c_\nu u_3^{(\nu)}.$$

*4.3:* Ersetzt man in (4.27) $n$ durch $n - 1$, so ergibt sich

$$nP_{n-1} = P_n' - tP_{n-1}'.$$

Nach (4.25) ist $P_{n-1}' = tP_n' - nP_n$, also

$$nP_{n-1} = P_n' - t^2P_n' + ntP_n = (1 - t^2)\, P_n' + ntP_n$$

oder

$$(1 - t^2)\, P_n' + ntP_n - nP_{n-1} = 0.$$

Diese Gleichung wird nach $t$ differenziert und (4.25) angewendet:

$$(1 - t^2)\, P_n'' - 2t\, P_n' + nP_n + ntP_n' + n^2P_n - nt\, P_n' = 0,$$

also $$(1 - t^2)\, P_n'' - 2t\, P_n' + n(n + 1)\, P_n = 0. \tag{4.10}$$

*4.4:* Nach (4.26) ist $P'_{n+1} = P'_{n-1} + (2n + 1) P_n$.
Wir ersetzen $n$ durch $n - 1$:

$$P'_n = P'_{n-2} + (2n - 1) P_{n-1},$$
$$P'_{n-2} = P'_{n-4} + (2n - 5) P_{n-3},$$
$$P'_{n-4} = P'_{n-6} + (2n - 7) P'_{n-5},$$

$n$ gerade $\qquad$ $n$ ungerade

$$P'_4 = P'_2 + 7P_3, \quad P'_3 = P'_1 + 5P_2,$$
$$P'_2 = P'_0 + 3P_1, \quad P'_1 = P_0.$$

Beide Seiten werden summiert

$$P'_n = (2n - 1) P_{n-1} + (2n - 5) P_{n-3} + \dots + \begin{cases} 7P_3 + 3P_1, & n \text{ gerade} \\ 5P_2 + P_0, & n \text{ ungerade} \end{cases}$$

oder

$$P'_n = \sum_{k=1}^{\left[\frac{n+1}{2}\right]} (2n - 4k + 3) P_{n-2k+1}. \tag{4.28}$$

*4.5:*

$$\int_{-1}^{+1} (1 - t^2)(P'_n(t))^2 \, dt = (1 - t^2) P'_n P_n \Big|_{-1}^{+1} + n(n + 1) \int_{-1}^{+1} P_n^2(t) \, dt,$$

$$u = (1 - t^2) P'_n, \qquad v' = P'_n,$$
$$u' = -n(n + 1) P_n, \qquad v = P_n,$$
$$= \frac{2n(n + 1)}{2n + 1} \quad \text{nach (4.29).}$$

*4.6:* Die angegebene Substitution ergibt

$$\zeta = 2\frac{z - t}{z^2 - 1}, \quad \frac{d\zeta}{dz} = -2\frac{(z^2 - 2tz + 1)}{(z^2 - 1)^2} \quad \text{und} \quad \sqrt{1 - 2t\zeta + \zeta^2} = \frac{z^2 - 2zt + 1}{z^2 - 1}.$$

Zur Angabe des Integrationsweges $\mathfrak{C}$ beachte man, daß durch die Substitution eine genügend kleine Umgebung $U$ des Nullpunktes der $\zeta$-Ebene konform auf eine Umgebung $U'$ des Punktes $z = \infty$ der $z$-Ebene abgebildet wird. Die Quadratwurzel hat für $\zeta = 0$ den Wert 1. Ist $U$ nur entsprechend klein gewählt, so liegt $U'$ außerhalb eines Kreises mit dem Mittelpunkt $z = 0$ und einem beliebig großen Radius $r$. Liegt $\mathfrak{C}'$ innerhalb von $U$, so wird sie auf $\mathfrak{C}$ innerhalb $U'$ umkehrbar eindeutig abgebildet. $\mathfrak{C}$ umschließt also den Punkt $z = t$ der $z$-Ebene, falls $r$ genügend groß ist. Dem positiven Umlauf auf $\mathfrak{C}'$ um $\zeta = 0$ entspricht der positive Umlauf auf $\mathfrak{C}$ um $z = \infty$, und das wiederum entspricht dem negativen Umlauf um $z = t$. Damit erhält man die Darstellung (4.35), wobei nach dem Cauchyschen Integralsatz für $\mathfrak{C}$ irgendeine Kurve gewählt werden kann, die den Punkt $z = t$ im positiven Sinne umläuft.

*4.7:* Wegen $\cos\gamma = \dfrac{xx' + yy' + zz'}{rr'}$ ist $P_0(\cos\gamma) = 1$, $P_1(\cos\gamma) = \dfrac{xx' + yy' + zz'}{rr'}$,

$$P_2(\cos\gamma) = \frac{1}{2}\frac{3(xx' + yy' + zz') - (rr')^2}{(rr')^2}.$$

Damit wird $T_0 = \iiint\limits_B \sigma(Q)\,dB = M$, der Gesamtmasse von $B$.

$$T_1 = \iiint\limits_B \sigma P_1(\cos\gamma)\, r'\, dB = \frac{x}{r}\iiint\limits_B \sigma x'\, dB + \frac{y}{r}\iiint\limits_B \sigma y'\, dB + \frac{z}{r}\iiint\limits_B \sigma z'\, dB = 0,$$

da der Koordinatenursprung im Schwerpunkt liegt, also $\iiint\limits_B \sigma x'\, dB = 0$ ist usw.

Um $T_2$ zu berechnen, ist die Einführung der Trägheitsmomente $I_x$, $I_y$, $I_z$ und der Deviationsmomente $D_x$, $D_y$, $D_z$ der Masse bezüglich der Koordinatenachsen zweckmäßig:

$$I_x = \iiint\limits_B \sigma(y'^2 + z'^2)\, dB; \qquad I_y = \iiint\limits_B \sigma(x'^2 + z'^2)\, dB;$$

$$I_z = \iiint\limits_B \sigma(x'^2 + y'^2)\, dB; \qquad D_x = \iiint\limits_B \sigma y' z'\, dB; \qquad D_y = \iiint\limits_B \sigma x' z'\, dB;$$

$$D_z = \iiint\limits_B \sigma x' y'\, dB.$$

Das Koordinatensystem kann so gewählt werden, daß $D_x = D_y = D_z = 0$ wird. Dann ist

$$T_2 = \frac{1}{2}\,\frac{(I_y + I_z - 2I_x)x^2 + (I_x + I_z - 2I_y)y^2 + (I_x + I_y - 2I_z)z^2}{r^2}.$$

Für das Potential $u(P)$ lauten die ersten drei Glieder der Entwicklungen (4.96)

$$u(P) = \frac{M}{r} + \frac{1}{2}\,\frac{(I_y + I_z - 2I_x)x^2 + (I_x + I_z - 2I_y)y^2 + (I_x + I_y - 2I_z)z^2}{r^5}.$$

*5.1:* Wir setzen in Gleichung (5.3) für $\alpha = 1 - c$ ein und führen dann die gleiche (etwas umfangreichere) Rechnung wie in (5.5) durch

$$\sum_{n=1}^{\infty} \{a_{n+1}(n+1)\,n - a_n n(n-1) + (2-c)\,a_{n+1}(n+1) - (a+b-2c+1)\,a_n n$$
$$- (a-c+1)(b-c+1)\,a_n\}\, z^n + (2-c)\,a_1 - (a-c+1)(b-c+1) = 0.$$

Der Koeffizientenvergleich liefert

$$a_1 = \frac{(a-c+1)(b-c+1)}{2-c}; \qquad c \neq 2,$$

$$a_{n+1}\,((n+1)\,n + (2-c)(n+1)) - a_n(n(n-1) + (a+b-2c+1)\,n +$$
$$+ (a-c+1)(b-c+1)) = 0.$$

Hieraus folgt die Rekursionsformel

$$a_{n+1} = \frac{n(n-1) + (a+b-2c+3)\,n + (a-c+1)(b-c+1)}{(n+1)(2-c+n)}\,a_n$$
$$= \frac{(a-c+1+n)(b-c+1+n)}{(n+1)(2-c+n)}\,a_n.$$

Dies ist aber gerade die Rekursionsformel (5.9) mit

$$a \Rightarrow a-c+1; \quad b \Rightarrow b-c+1, \quad c \Rightarrow 2-c,$$

und demzufolge ist die Lösung $u_2(z)$ hergeleitet.

# Literatur

[1] *Abramowitz, M.; Stegun, I. A.:* Handbook of Mathematical Functions. New York: Dover Publications, Inc. 1965.

[2] *Courant, R.; Hilbert, D.:* Methoden der Mathematischen Physik I. Berlin/Heidelberg/New York: Springer-Verlag 1968.

[3] *Heber, G.:* Mathematische Hilfsmittel der Physik II, Wiss. Taschenbücher Bd. 47. Berlin: Akademie-Verlag 1967.

[4] *Kneschke, A.:* Differentialgleichungen und Randwertprobleme, Bd. 1 und Bd. 2, 3., 2. Aufl. Leipzig: B. G. Teubner Verlagsgesellschaft 1965 und 1961.

[5] *Lebedew, N. N.:* Spezielle Funktionen und ihre Anwendung (Übers. a. d. Russ.). Mannheim/Wien/Zürich: Wissenschaftsverlag Bibliographisches Institut 1973.

[6] *Lense, J.:* Reihenentwicklungen in der mathematischen Physik. Berlin: Verlag W. de Gruyter 1947.

[7] *Lense, J.:* Kugelfunktionen. 2. Aufl. Leipzig: Akademische Verlagsgesellschaft Geest & Portig K.-G. 1954.

[8] *Margenau, H.; Murphy, G. M.:* Die Mathematik für Physik und Chemie, Bd. 1, 2. (Übers. a. d. Am.). Leipzig: . B. G. Teubner Verlagsgesellschaft 1964, 1966.

[9] *Sauer, R.; Szabo, I.:* Mathematische Hilfsmittel des Ingenieurs, Teil I. Berlin/Heidelberg/New York: Springer-Verlag 1967.

[10] *Smirnow, W. I.:* Lehrgang der Höheren Mathematik, Teil III, 2, (Übers. a. d. Russ.). 11. Aufl. Berlin: VEB Deutscher Verlag der Wissenschaften 1976.

[11] *Whittaker, E. T.; Watson, G. N.:* A course of modern analysis. Cambridge, University press, 1965.

[12] *Zurmühl, R.:* Praktische Mathematik für Ingenieure und Physiker. Berlin/Göttingen/Heidelberg: Springer-Verlag 1953.

[13] *Eibl, J.:* Kreisplatten auf elastischer Bettung bei nicht rotationssymmetrischer Belastung. Ingenieur Archiv, Bd. 43, 1, 1973.

[14] *Natanson, I. P.:* Konstruktive Funktionentheorie. (Übers. a. d. Russ.). Berlin: Akademie-Verlag 1955.

[15] *Ryshik, J. M.; Gradstein, J. S.:* Summen-, Produkt- und Integraltafeln. (Übers. a. d. Russ.). Berlin: VEB Deutscher Verlag der Wissenschaften 1963.

[16] *Jahnke, E.; Emde F.:* Tafeln höherer Funktionen. Leipzig: B. G. Teubner Verlagsgesellschaft 1952.

# Sachregister


Additionstheorem der Legendreschen Polynome 102, 124
Additionstheoreme der Besselfunktionen 38, 119
Approximation, Tschebyschewsche 19
asymptotische Entwicklungen 28, 47, 120, 121
asymptotisches Verhalten 45, 55, 58, 120

Bernoullische Zahlen 28, 118
Besselfunktion 1. Art 31, 32, 34, 118
– 2. Art 31, 32, 53, 120
– 3. Art 31, 32, 53, 121
Besselfunktionen, asymptotisches Verhalten 45
–, Integraldarstellung 35
– mit beliebigem komplexem Index 41, 120
– – ganzzahligem Index 39, 119
–, modifizierte 58, 59, 121
–, Nullstellen 48
–, Orthogonalität 48
–, Reihendarstellung 35
Besselkoeffizienten 35, 119
Besselsche Differentialgleichung 32, 118, 121
– –, allgemeine Lösung 51
Betafunktion 29, 118
Betaverteilung 30

Dichtefunktion 30
Dirichletsches Randwertproblem 102

Elektron im magnetischen Wechselfeld 64
Ergänzungssatz 52
Eulersche Integraldarstellung der Gammafunktion 116
– Integrale erster Art 29
Eulersche Konstante 26, 116
Exponentialverteilung 30

Fakultät 20
Formel von Bonnet 77, 117
– – Euler 23
– – Legendre 123
– – Rodrigues 79, 123
Fourierentwicklung 76
Fourierkoeffizienten 8, 11
Fourierreihe 8, 10
Fundamentalsystem 53, 54, 121
Funktion, erzeugende 73, 117, 119
–, holomorphe 111, 114
–, homogene 32
–, hypergeometrische 111ff., 114, 125
–, meromorphe 116

Funktionalgleichung 113, 116, 125
– für die Gammafunktion 22
Funktionalgleichungen für Besselfunktionen 43
Funktionen, Besselsche 31f., 34f., 41, 48, 51, 53, 58f., 118f.
–, Hankelsche 53, 55, 121
–, Hermitesche 17, 117
–, Laguerresche 15, 16, 117
–, –, zugeordnete 17
–, Neumannsche 53, 55, 120
Funktionensystem 7

Gammafunktion 20, 112, 116, 118, 125
–, asymptotische Eigenschaften 112
–, Multiplikationstheorem 28, 119
Gammaverteilung 29, 30
Gramsche Determinante 9

Hankelfunktionen 53, 55, 121
Hankelsche Integraldarstellung 23, 27, 44, 118, 120
homogene Funktion 68
hypergeometrische Differentialgleichung 109, 113, 125
– Funktion 111ff., 125
– Reihe 110

Integraldarstellung 112, 119, 121, 123, 124
–, Hankel 23, 27, 44, 55, 118, 120
–, Laplace 84, 96
–, Mehler 85
– (Mellin-Barnes-Integral) 125
–, Schläfli 44, 120
– von Kugelfunktionen 88, 94
Integraldarstellungen für Besselfunktionen 44, 55, 56

Kugelflächenfunktion 69, 87, 96, 99, 122
Kugelfunktion 68, 114
–, Laplacesche 69, 87, 96, 125
Kugelfunktionen, ganze rationale 70
–, sektorielle 97, 125
–, tesserale 97, 125
–, zonale 71, 122, 125
–, zugeordnete 85, 123

Laplacesche Differentialgleichung 31, 68
– Integraldarstellung 84, 96
– Kugelfunktionen 69, 87, 96, 125

Legendresche Differentialgleichung 71, 122
– Funktion $m$-ter Ordnung, zugeordnete 86
– Funktionen 1. Art 94, 122
– – 2. Art 89, 94, 124
– – – –, zugeordnete 96, 115, 124
– Relation 28
lineare Unabhängigkeit 51

Mehlersche Integraldarstellung 85
Mellin-Barnes-Integral 112
Methode der kleinsten Abweichungsquadrate 8
modifizierte Besselfunktionen 121
Multiplikationstheorem 28, 118

Neumannsches Problem 104
Norm 10
normiertes Orthogonalsystem 11, 12, 116

Orthogonale Funktionen 10
orthogonales Funktionensystem 10, 11
Orthogonalfunktionen 11
Orthogonalisierung 11
Orthogonalität 50, 79, 88, 98, 124, 125
Orthogonalitätseigenschaft 50, 120

Poissonsche Integrale 103
Polynome, Hermitesche 14, 17, 117
–, Laguerresche 14, 15, 117
–, Legendresche 13, 14, 71, 117, 122
–, orthogonale 117
–, Tschebyschewsche 14, 18, 117
Potential 105
Potentialfunktion 68
Potentialgleichung 68, 122
Potenzreihenansatz 109, 118
Produktansatz 31

Randwertaufgaben der Potentialtheorie 59, 102, 104
Reihenentwicklung der Neumannschen Funktion 57
Rekursionsformeln 77, 120, 122
Residuen von $\Gamma(z)$ 23
Residuum 116
Rodriguessche Formel 87

Schläflische Integraldarstellung 56, 83
Schrödingersche Differentialgleichung 107
sektorielle Kugelfunktionen 125
Separationsansatz 60
skalares Produkt 10, 116
Stabknickung 62
Stirlingsche Formel 118
– Reihe 28

tesserale Kugelfunktionen 125

Verdoppelungssatz 28, 118
Verteilungsfunktion 30

Wasserstoffatom 107
Weierstraßsche Produktdarstellung 116
– Produktform 23
Weierstraßscher Approximationssatz 7
Wronskische Determinante 51, 120

zugeordnete Legendresche Funktion 2. Art ($m$-ter Ordnung) 96, 124
Zylinderfunktionen 31f., 35, 118ff.

## Mathematik für Ingenieure, Naturwissenschaftler, Ökonomen und Landwirte

Vorbereitungsband *Schäfer/Georgi:* Vorbereitung auf das Hochschulstudium

Band 1 *Sieber/Sebastian/Zeidler:* Grundlagen der Mathematik, Abbildungen, Funktionen, Folgen

Band 2 *Pforr/Schirotzek:* Differential- und Integralrechnung für Funktionen mit einer Variablen

Band 3 *Schell:* Unendliche Reihen

Band 4 *Harbarth/Riedrich/Schirotzek:* Differentialrechnung für Funktionen mit mehreren Variablen

Band 5 *Körber/Pforr:* Integralrechnung für Funktionen mit mehreren Variablen

Band 6 *Schöne:* Differentialgeometrie

Band 7/1 *Wenzel:* Gewöhnliche Differentialgleichungen 1

Band 7/2 *Wenzel:* Gewöhnliche Differentialgleichungen 2

Band 8 *Meinhold/Wagner:* Partielle Differentialgleichungen

Band 9 *Greuel/Kadner:* Komplexe Funktionen und konforme Abbildungen

Band 10 *Stopp:* Operatorenrechnung

Band 11 *Schultz-Piszachich:* Tensoralgebra und -analysis

Band 12 *Sieber/Sebastian:* Spezielle Funktionen

Band 13 *Manteuffel/Seiffart/Vetters:* Lineare Algebra

Band 14 *Seiffart/Manteuffel:* Lineare Optimierung

Band 15 *Elster:* Nichtlineare Optimierung

Band 16 *Bieß/Erfurth/Zeidler:* Optimale Prozesse und Systeme

Band 17 *Beyer/Hackel/Pieper/Tiedge:* Wahrscheinlichkeitsrechnung und mathematische Statistik

Band 18 *Oelschlägel/Matthäus:* Numerische Methoden

Band 19/1 *Beyer/Girlich/Zschiesche:* Stochastische Prozesse und Modelle

Band 19/2 *Bandemer/Bellmann:* Statistische Versuchsplanung

Band 20 *Piehler/Zschiesche:* Simulationsmethoden

Band 21/1 *Manteuffel/Stumpe:* Spieltheorie

Band 21/2 *Bieß:* Graphentheorie

Band 22 *Göpfert/Riedrich:* Funktionalanalysis

Band 23 *Belger/Ehrenberg:* Theorie und Anwendung der Symmetriegruppen

Band Ü 1 *Wenzel/Heinrich:* Übungsaufgaben zur Analysis 1

Band Ü 2 *Wenzel/Heinrich:* Übungsaufgaben zur Analysis 2

Band Ü 3 *Pforr/Oehlschlaegel/Seltmann:* Übungsaufgaben zur linearen Algebra und linearen Optimierung

Band Ü 4 *Gillert/Nollau:* Übungsaufgaben zur Wahrscheinlichkeitsrechnung und mathematischen Statistik